小天才学图形化编程

编 著 孙丽丽 甄 琚
方 弘 刘 鹏

清华大学出版社

北 京

内 容 简 介

这是一本专门写给小学生和中学生的编程书。编程对于培养孩子的逻辑思维能力和动手能力至关重要，国家正在推动将编程纳入中小学教学和考评体系中。图形化编程入门简单，既好玩，又好学，只要通过鼠标拖动积木，再把积木拼在一起，就可以完成程序的编写。本书不是长篇大论讲理论，而是通过故事场景，让读者独立设计程序的舞台背景、角色、脚本，在玩的过程中掌握图形化编程软件的使用，同时也训练了计算机程序编写的逻辑思维能力。本书精心设计了 12 个好玩而又惊险有趣的编程任务，将计算机程序语言的大部分知识点融入其中，使读者加深对编程的理解。

本书适合小学生及中学生学习，也适合在家长的指导下，幼儿园大班的小朋友学习。本书既适合作为中小学信息技术课程的教材，也适合作为中小学人工智能编程教育的基础教材。

图书在版编目（CIP）数据

小天才学图形化编程 / 孙丽丽等编著. —北京：清华大学出版社，2021.7（2024.2重印）
ISBN 978-7-302-58104-8

Ⅰ．①小… Ⅱ．①孙… Ⅲ．①程序设计—青少年读物 Ⅳ．① TP311.1-49

中国版本图书馆 CIP 数据核字（2021）第 084512 号

责任编辑：贾小红
封面设计：秦　丽
版式设计：文森时代
责任校对：马军令
责任印制：杨　艳

出版发行：清华大学出版社
　　　　　网　　　址：https://www.tup.com.cn，https://www.wqxuetang.com
　　　　　地　　　址：北京清华大学学研大厦 A 座　　邮　　编：100084
　　　　　社 总 机：010-83470000　　　　　邮　　购：010-62786544
　　　　　投稿与读者服务：010-62776969，c-service@tup.tsinghua.edu.cn
　　　　　质量反馈：010-62772015，zhiliang@tup.tsinghua.edu.cn
印 装 者：涿州汇美亿浓印刷有限公司
经　　销：全国新华书店
开　　本：170mm×230mm　　　印　　张：8　　　字　　数：101 千字
版　　次：2021 年 9 月第 1 版　　　印　　次：2024 年 2 月第 3 次印刷
定　　价：48.00 元

产品编号：087551-01

当你学会编程，

你会开始思考世界上的所有过程。

——少儿编程之父　米切尔·雷斯尼克

前言

本书是继《小天才学 Python》之后，又一本专门写给小朋友的编程书。

编程可以帮助小朋友们锻炼逻辑思维能力，培养创造能力，用酷酷的方式表达自我。编程将成为你最重要的技能之一，给你带来很多快乐，带来更大的成就感，并使你成为一个更有能力的人。

数不清的科技精英，如大名鼎鼎的微软公司创始人比尔盖茨、风靡全球的苹果公司创始人乔布斯、人工智能围棋大师 AlphaGo 的创始人哈萨比斯、特斯拉公司创始人埃隆·马斯克等，都是从小就开始学习编程的。

美国、加拿大、英国、新加坡、韩国、日本等国家，都要求学生从中小学开始学习编程。

教育部印发《义务教育小学科学课程标准》和《普通高中课程方案和课程标准》，国务院印发了《新一代人工智能发展规划》，都对将编程纳入中小学教育提出明确要求。目前，已经有省市率先将编程列入高考。编程课程将全面进入中小学课堂，赶快行动起来吧！

你可能要问：我适合学编程吗？当然了！一方面，编程也像语文、英语一样，是一门语言，是说给计算听的语言；另一方面，本书非常特别，没有长篇大论的理论，一看就会，只要读懂简单的文字，多动手试试，一定会有不一样的惊喜。本书在云创青少年人工智能学院的线上课堂使用，取得了非常好的效果，学过的孩子都觉得很有意思！

现在，让我们开始神奇的编程之旅吧！

刘鹏　教授

中国信息协会教育分会人工智能教育专家委员会主任

中国大数据应用联盟人工智能专家委员会主任

目录

第 1 课 认识图形化编程

1. 用图形也能编程

用图形也能编程？当然可以了。从现在开始,我们就和云创"拼拼"一起来学习图形化编程,把一些像积木的模块拼在一起,程序就完成了。计算机读这些积木块就可以让程序跑起来,我们就能成功地看到想要的效果了。嗯,对,就是这么容易。图 1-1 为我们的主人公"拼拼"。

图 1-1 我们的主人公"拼拼"

我们迫不及待地打开计算机桌面上的任意一款浏览器,在地址栏中输入 http://k12.cstor.cn/，就可以进入云创青少年人工智能学院的主页，如图 1-2 所示。

图 1-2　云创青少年人工智能学院主页

　　单击屏幕上方的"云创拼拼"，就可以进入云创拼拼的世界了，如图 1-3 所示。

图 1-3　云创拼拼界面

2. 让"拼拼"动起来

我们现在来做一件事，怎么让屏幕上的"拼拼"动起来呢？

（1）积木块

在图 1-3 屏幕左侧 运动 中有这样一个积木块 移动 10 步，我们用鼠标按住它，然后拖曳到屏幕中间的空白区域，松开鼠标，好了，让"拼拼"动起来就用它了。

小朋友们，试着用鼠标按一下积木块，现在观察"拼拼"的变化。按一下，再按一下，这样不停地按下去，可以发现，"拼拼"真地走起来了，如图 1-4 所示。

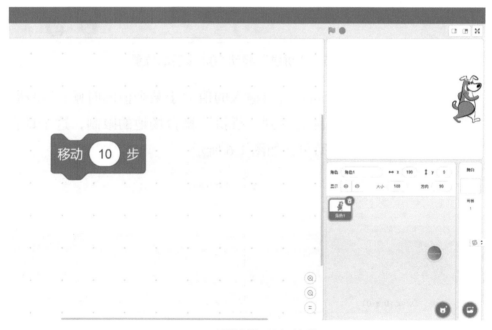

图 1-4　"拼拼"的初始位置

是不是觉得这样按下去太麻烦了，我们能否让它一次就走很远呢？当然可以了，我们看到这个积木块的中心有个数字"10"，现在把它改成"200"，"拼拼"就走到了下面的位置上，如图 1-5 所示。

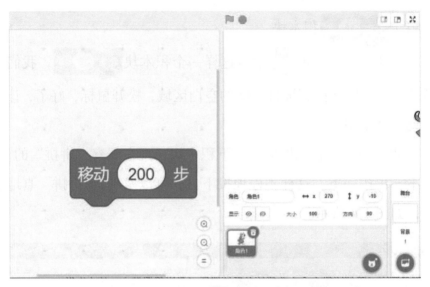

图 1-5　"拼拼"移动 200 步后的位置

　　这里会出现一个新问题，当输入的值大于某个值的时候，"拼拼"就跑到外面去啦。那是因为受到"拼拼"舞台场地的限制，这个舞台可用坐标系表示，非常简单，如图 1-6 所示。

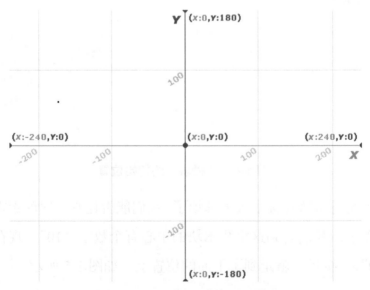

图 1-6　"拼拼"舞台坐标系

思考题： 如果"拼拼"站在屏幕的中央，最大能输入什么数字，才能不让它跑出舞台呢?

聪明的小朋友一定回答出来了,输入的数值小于240就可以了呗!嗯，这是一个很好的办法，用数字控制"拼拼"别走出舞台。

（2）运动中的 碰到边缘就反弹 积木块

那我们有没有智能"拼拼"呢？即碰到舞台边缘就自动走回来呢? 当然可以了，我们请出另一个积木块 碰到边缘就反弹 ，把它卡在 移动 200 步 的下方，然后再用鼠标单击这个连体的积木块  即可。

那么新的问题又来了，"拼拼"变成了图1-7所示的样子。

图1-7　"拼拼"碰到边缘反弹后的效果

（3）运动中的 将旋转方式设为 左右翻转 ▼ 积木块

请小朋友们到 运动 中将这个积木块找到，并卡到刚才那两块积木

5

块的正下方，单击，"拼拼"就可以在舞台中央来回踱步了。最终的积木块搭成如图1-8所示。

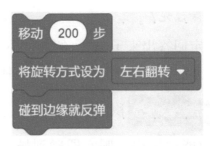

图1-8 来回踱步的"拼拼"

至此，我们真地让"拼拼"动了起来。很神奇吧！

 知识点延展

让"拼拼"动起来，我们是在不停地按鼠标，有没有一个办法，按一下，就可以让"拼拼"不停地来来回回踱步呢？

（4）控制中的 重复执行 积木块

请小朋友们按照这个积木的颜色和形状去图1-3左侧的 控制 中找一下它。这个积木块长得很像字母"C"，可以把上面的3个积木块塞到它的肚子里，试一试，如图1-9所示。

（5）事件中的 当 被单击 积木块

一切都很顺利，我们来给连体积木块戴一顶帽子吧，请到 事件 中找到 当 被单击 积木块，放到所有积木块的最上端。我们就得到了这样的组合，如图1-10所示。

图1-9 重复执行积木块

图1-10 完整积木块

从此以后，我们就算把代码隐藏起来，也能让"拼拼"动起来，如图1-11所示。

图1-11 程序运行界面

单击图 1-11 中的绿旗，程序就开始执行图 1-10 的代码了，而我们只看"拼拼"的状态就好了，不需要关心代码长什么样子。

练习 1

在 运动 中找到 面向 90 方向 积木块，按照下面的 4 种情况，将它卡在图 1-8 所示的代码中，看一看，会发生什么？

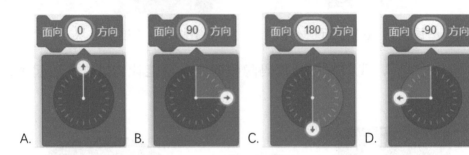

A.　　　　B.　　　　C.　　　　D.

第 2 课　飞奔下楼来找"拼拼"的小猫

我们想让角色小猫按照固定的路线动起来，小猫又是怎么知道在哪里拐弯的呢？如图 2-1 和图 2-2 所示，一只淘气的小猫沿着楼梯扶手滑下来，落到地上，顺着走廊跑向光明的室外……

图 2-1　小猫的运动轨迹

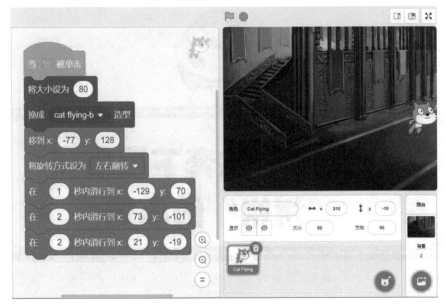

图 2-2   代码实现

1. 舞台和角色

下面我们学习什么是舞台背景和角色，以及如何进行设置。

首先我们来设置舞台背景，选择屏幕右下角的"选择一个背景"，然后选择名字为"Castle 3"的图片，如图 2-3 和图 2-4 所示。

图 2-3   选择一个背景

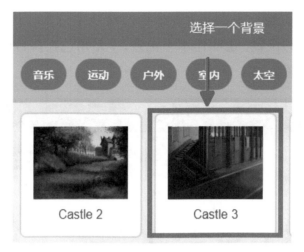

图 2-4 设置舞台背景

接下来，我们添加一个角色（见图 2-5）。选择屏幕右下角的"选择一个角色"，然后选择"动物"中 Cat Flying（见图 2-6）样式的小猫。

图 2-5 选择一个角色

2. 如何知道小猫的位置呢

其实，"拼拼"能时时刻刻地给每个角色准确定位，它是怎么做到的呢？请注意观察一下图 2-7 中小猫的这几个位置，这里的 x 是角色在舞台中左右的位置，也叫作水平位置，y 是角色在舞台中上下的位置，也叫作垂直位置。

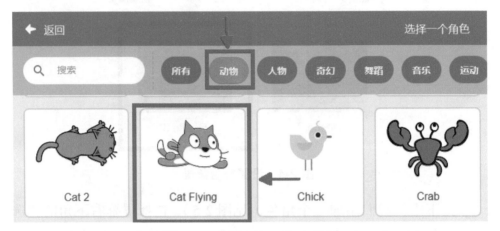

图 2-6　选择 Cat Flying 角色

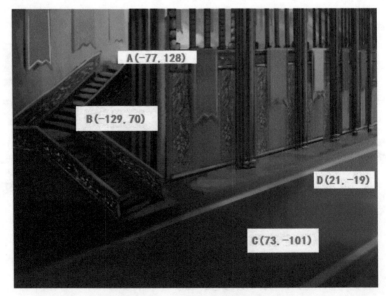

图 2-7　小猫移动的坐标点

数学中我们经常称它们为坐标，写坐标时，x 坐标写在前面，y 坐标写在后面，中间用逗号分隔开，如（110, 135）。它们的作用是确定角色在舞台中的具体位置，所以，角色在每时每刻都有一个 x 值和 y 值。

舞台中间位置的坐标是（0, 0），这个点被叫作原点。

那我们如何知道角色当前位置的坐标值呢？当小猫在 B 点时，它的坐标值为（-129, 70），我们将这两个值分别输入图 2-8 的红色框中即可。用同样的方法，我们可以知道小猫在其他 3 个点的位置坐标。

图 2-8 小猫在 B 点的坐标值

3. 如何从一点移动到另一点

在"拼拼"里，运动积木块 运动 是最常用的积木块，也是和角色位置改变相关的积木块，如图 2-9 所示。

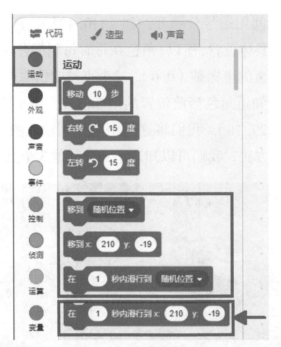

图 2-9 "运动"模块中和位置相关的积木块

移动 10 步：此积木块确切知道角色需要移动的长度。

移到 随机位置：此积木块对角色的位置没有要求，去哪里都可以。

移到 x: 210 y: -19：此积木块让角色到指定的坐标位置。

在 1 秒内滑行到 随机位置：此积木块让角色在一定时间内到随机位置。

在 1 秒内滑行到 x: 210 y: -19：此积木块让角色在一定时间内到指定的坐标位置。

本节课，我们重点学习 在 1 秒内滑行到 x: 210 y: -19 积木块，我们让小猫这个角色从固定点 A，在 1 秒内滑行到 B 点，在 2 秒内滑行到 C 点，在 3 秒内滑行到 D 点。其代码如图 2-10 所示。

图 2-10　小猫在 A、B、C 和 D 点的坐标

4. 全部都在这儿

完整的代码解析如图 2-11 所示。

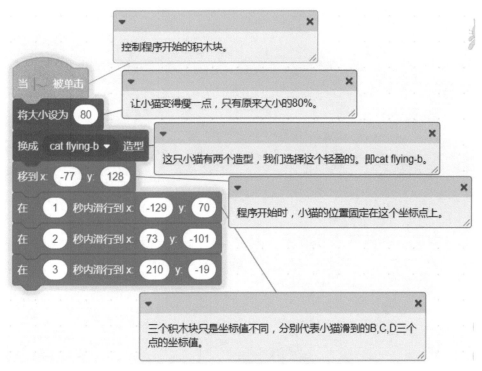

图 2-11　完整代码解析

试试让小猫从外面走上楼，该怎么做呢?

第3课　七十二变——
魔法幻觉

"拼拼"里的角色不仅能四处移动，而且还能变大变小，切换造型，进行各种有趣的变化。

例如，同样是小马，它可能并不一直是同一个形象，如图 3-1 所示。

图 3-1　不同形象的小马

那么小马是如何变化的呢？现在，我们就来学习"拼拼"中如何进行外观的变化和特效的设置。

首先我们要有一个角色，第 2 课我们已经学过了如何添加角色，如何改变背景，这里我们先选择一个自己喜欢的角色和背景，如图 3-2 所示。

图 3-2 选取一个角色和一个背景

添加完角色和背景之后，我们就可以进行角色的外观修改了。接下来，我们就来——尝试"拼拼"不同的外观变化功能。

1. 改变大小后会说话的小马

现在我们来学习如何改变角色的大小。在图 3-3 左侧的模块区中，你一定能发现紫色的"外观"积木块，用鼠标单击它，今天我们要用的绝大多数模块，都可以在这里找到。

选中要添加的角色，在代码区中拖入图 3-3 左侧代码区所示的代码。

单击拖入的一长串代码，就会发现添加的角色会变大变小，并在变化的同时说出"大"或者"小"，如图 3-3 右上角舞台区所示。你肯定也已经发现了，如果大小增加 30，运行这个模块后角色是变大的；如果大小增加 –30（"–"符号在键盘数字"0"的右边），运行这个模块后角色是变小的。

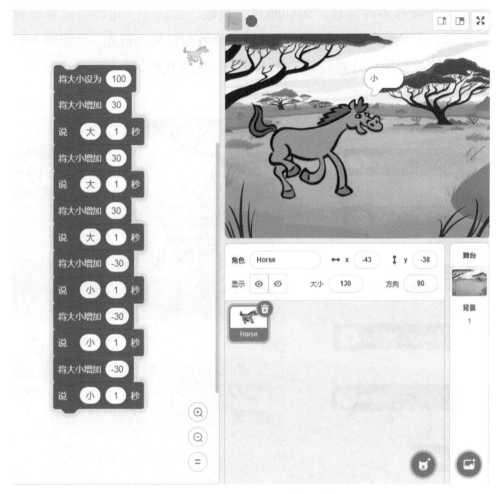

图 3-3 大小变化以及角色说话

也可以将这些积木块分开，然后单击每个积木块运行，看看每个模块实际的效果。值得注意的是，单击"将大小设为 100"这个模块，会将角色变成初始大小。

2. 设置特效

除了变化大小和说话,角色还可以进行特效的变化。在"拼拼"中,角色的外观有多种特效,例如颜色、鱼眼、旋涡等,每种特效都非常有意思,接下来我们就来一一试验每种特效的效果。首先,参照图3-4,将这些能改变角色外观特效的积木块一一拖入代码区。

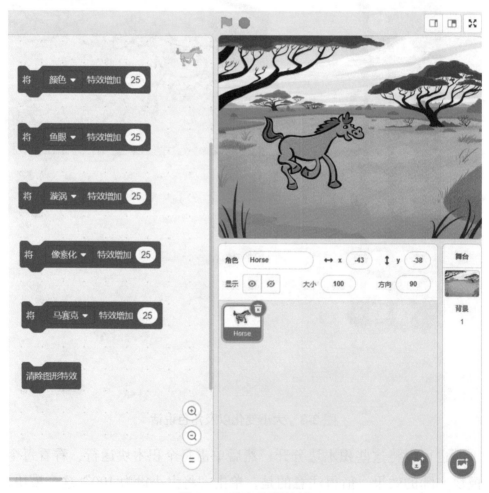

图3-4 改变外观特效

每单击一个积木块,角色就会发生一种变化。例如,单击"将颜色特效增加 25"这个模块，就会发现所选角色的颜色发生了改变，每单击一次就会改变一次。其他特效也非常有意思，如图 3-5 所示。

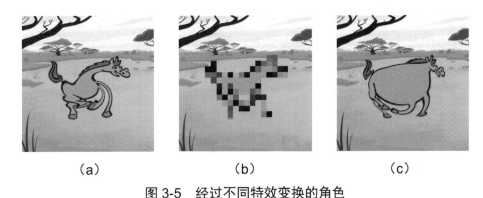

（a）　　　　　　　　　（b）　　　　　　　　　（c）

图 3-5　经过不同特效变换的角色

在变幻的过程中，有需要注意的是，当多次单击改变特效后，会发现原来的角色已经面目全非，完全认不出来了，这时想把角色变回最初的模样，应该怎么办呢？不要慌，单击"清除图形特效"积木块，角色就会变回去了。

3. 显示、隐藏和切换造型

外观模块中还有一类比较有意思的积木块，那就是"显示"和"隐藏"，利用这两个积木块，有的时候能做出非常神奇的效果。我们将这两个模块拖动到代码区，如图 3-6 所示。

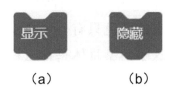

（a）　　　　　　（b）

图 3-6　"显示"和"隐藏"积木块

单击"隐藏"，角色就会在舞台区消失不见，这时不用心急，只要单击"显示"，角色就会重新出现。聪明的小朋友，请思考一下，利用

"显示"和"隐藏",我们能在"拼拼"中做出哪些炫酷的效果呢?

此外,在"拼拼"中每个角色都可以设置多个造型,比如我们的老朋友——小猫,它就有两个造型。那么多个造型如何查看呢?我们可以选择左上角的"造型"选项卡,如图 3-7 所示。

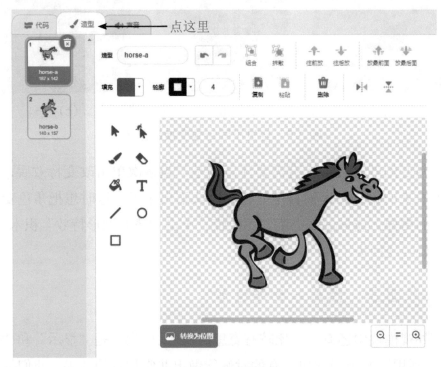

图 3-7　造型界面

在"造型"选项卡中,我们就能看到所添加的角色有几个造型,有的角色有多个造型,有的角色只有一个造型。选中一个造型,在屏幕正中间我们就能看到这个造型具体是什么样子的,也能对造型进行修改。如果想回到我们熟悉的编程界面,只需选择"造型"选项卡旁边的"代码"选项卡就可以了。

那么,多个造型间如何切换呢?如图 3-8(b)所示,我们拖动"下一个造型"积木块到代码区。

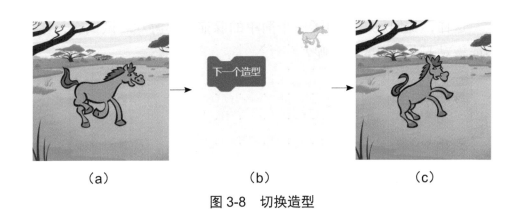

（a）　　　　　　　（b）　　　　　　　（c）

图 3-8　切换造型

单击"下一个造型"就会发现，所选的角色有了变化（注意，一定要选择具有多个造型的角色，单击"下一个造型"才有效）。

4. 魔法幻觉

利用之前所学的多种外观模块，就能轻松做出多种奇幻的效果了，就像施了魔法一样。我们可以让角色在任意的位置出现、消失，也可以让角色跑起来，动起来，做出动画的效果。例如，在代码区拖入如图 3-9 所示的积木块。

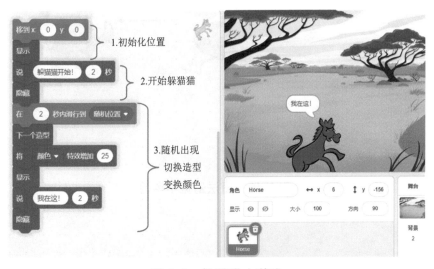

图 3-9　躲猫猫小游戏

这样，我们就编写出了一个简单的躲猫猫小游戏。试试看，你能不能猜对下次出现的位置呢?

编写一个程序，让"拼拼"一开始出现在屏幕正中央，大小是100，然后让它从屏幕正中央走向屏幕的最右侧，并且在走的过程中还能实现颜色和大小的变换，如图 3-10 所示。

图 3-10　魔法幻觉小练习

第4课 开动啦——小猫过桥

"拼拼"里，可以添加或者绘制很多个角色，那么如何让角色之间相互沟通呢？人与人之间沟通的方式有很多种，比如语音视频、发信息等。在学校里，最直接有效的方式就是校园广播了，如图4-1所示。

图4-1 广播积木块

那么，"拼拼"里有没有类似的功能呢？

在"拼拼"的学校里，广播里可以传出上课铃声、学校通知、新闻快报、体操音乐等，不同的角色听到不同的广播，会做出不一样的动作。我们也可以新建广播消息，如图4-2所示。

图4-2 新建广播消息

现在，淘气的小猫要过到泳池的对岸，我们来帮它架一座浮桥吧！为了不影响小猫游回来，它每走过一块桥板，桥板会自动掉落到泳池底，如图 4-3 所示。

图 4-3 程序效果

先找到"pool"这个舞台背景，然后我们就要自己绘制桥板了，如图 4-4 所示。

图 4-4 找到"pool"背景

1. 会发消息的小猫

我们用滑动的方式让小猫走起来，每走过一块桥板，就发出一个消息，告诉桥板可以消失了，如图 4-5 所示。

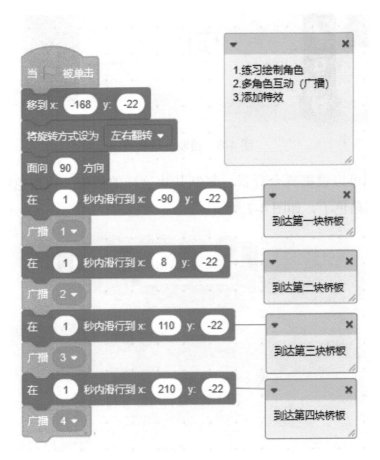

图 4-5　完整代码解析

2. 为小猫架浮桥

我们自己来绘制桥板，如图 4-6 所示，绘制一块桥板。

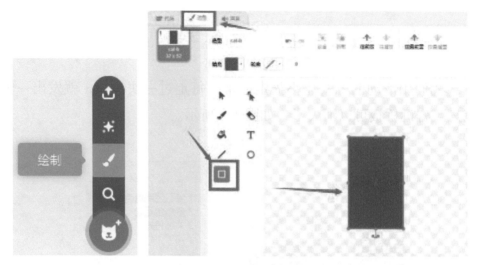

图 4-6　绘制一块桥板

　　我们可以根据舞台背景，复制几块这样的桥板。在角色区右击就可以复制角色了，如图 4-7 所示。

图 4-7　复制角色

3. 桥板沉到水里

　　当小猫经过后，依次发出消息，桥板就隐藏了，产生沉到水里的效果。代码如图 4-8 所示。

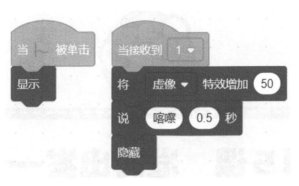

图 4-8 桥板沉到水里的代码

在事件分类中，所有顶部带有圆形凸起的模块"帽子"积木，都可以作为程序脚本触发开始。这里就用到了两块，分别是

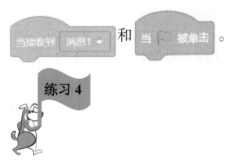和 当 ▶ 被单击 。

练习 4

你可以再去试试其他的"帽子"积木！

第5课　准时出发——火箭发射倒计时

中国长征十一号固体运载火箭，在工作人员倒计时"5，4，3，2，1，发射……"的号令下，拖着浓烈的尾焰，腾空而起，直入云霄，如图5-1所示，那一刻我们骄傲和自豪。

图5-1　火箭发射

本节课我们就来一起用"拼拼"编写一个火箭发射倒计时的程序（见图 5-2 和图 5-3）。

图 5-2　地面发射倒计时

图 5-3　成功进入太空

1. 建造火箭发射塔

添加背景和角色，如图 5-4 ～图 5-6 所示。

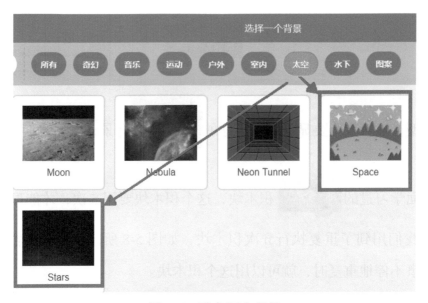

图 5-4　准备两个背景

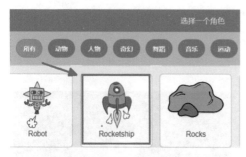

图 5-5　角色 Rocketship

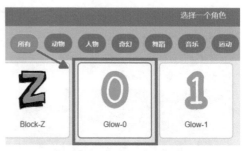

图 5-6　角色 Glow-0

2. 一起设计计时器

我们先来分析一下，火箭发射倒计时的计时器是怎么做的。程序开始的时候，计时器显示在火箭的顶部，从数字 5 显示到数字 0，然后把自己隐藏了起来。同时要发消息告诉火箭"发射……"

那么，怎么实现从数字 5 到数字 0 的变化呢？角色 Glow-0 有 5 个

造型，如图 5-7 所示。当单击  时，显示的是 这

个造型，而背景则要显示表示地球的 背景，然后我们就要用

到前面学习过的 积木块，这个积木块要用 5 次，才能显示 0，所以我们用到了重复执行 n 次积木块，如图 5-8 所示。当我们需要将一件事不停地重复时，就可以用这个积木块。

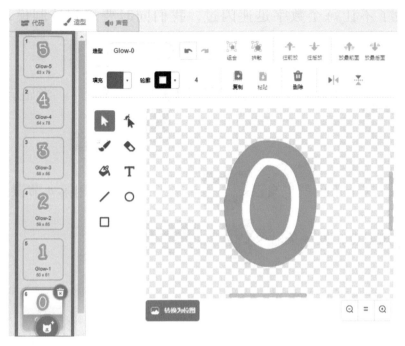

图 5-7　Glow-0 的 5 个造型

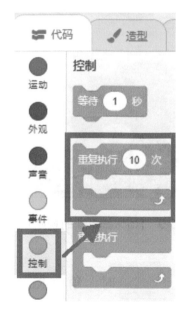

图 5-8　控制模块里的重复执行积木块

为了不让每个数字迅速闪过，我们同时要用到控制模块里的

等待 1 秒 积木块。于是得到了积木块 。当显示数字 0

的时候，这个角色就把自己 隐藏 起来了，同时利用第 4 节课讲到的

广播的知识点，发一条命令 广播 发射…… 。

3. 一起设计火箭

首先，我们给 Rocketship 角色一个固定的初始位置

移到 x: 0 y: -130 和造型 换成 rocketship-e 造型 ，完整的代码如图 5-9

所示。

图 5-9 Rocketship 的初始化模块

然后 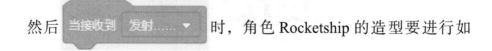 时，角色 Rocketship 的造型要进行如

图 5-10 所示的变换，用到 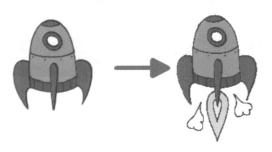 造型 积木块。

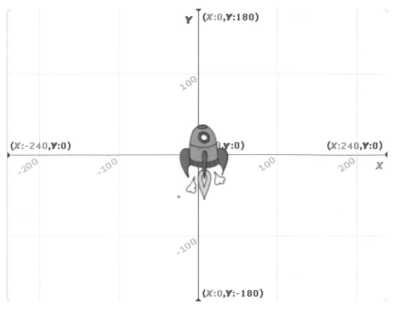

（a）rocketship-e　　　（b）rocketship-a

图 5-10　Rocketship 的两个造型变换

现在关键的时刻到了，点燃的火箭要一直向上滑出天空，怎么表示呢？我们通过前面讲过的坐标知识知道，火箭的 x 值不变，y 值要变化到大于屏幕最上端，如图 5-11 所示。我们只要将 y 的坐标值设置成大于 180 就可以了。

图 5-11　Rocketship 的位置示意图

进入外太空，背景就要换成星空了。于是，我们选择  积木块，火箭依然是从最下面滑到太空的最中央，y

坐标的位置参考图 5-11，这个过程就是  这

两个积木块的组合。

4. 完整代码解析

角色 的代码如图 5-12 所示。

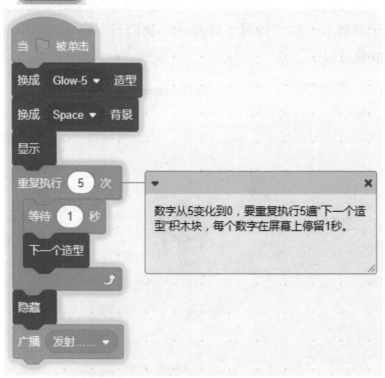

图 5-12　角色 Glow-0 的完整代码

角色  的代码，如图 5-13 所示。

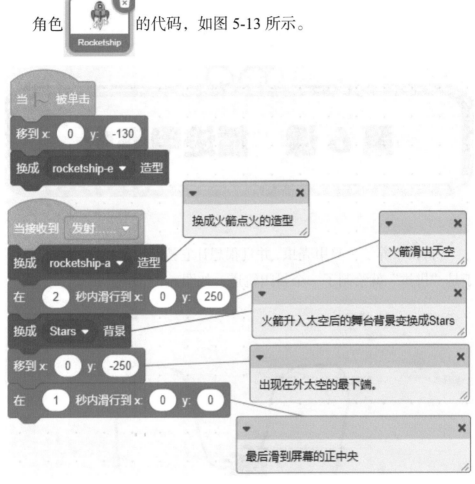

图 5-13　角色 Rocketship 的完整代码

练习 5

试一试：如果升入太空后，火箭一直在太空翱翔，这样的效果怎么做出来呢？

第 6 课　循迹甲壳虫

"拼拼"养了一只甲壳虫,并且很想让它按照自己设定的轨道爬行,于是"拼拼"就绘制了一个封闭轨道,如图 6-1 所示。

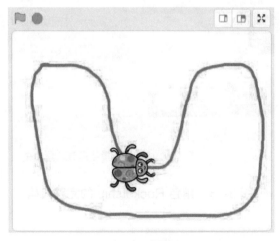

图 6-1　循迹甲壳虫

1. 设计轨道

绘制甲壳虫运动的轨迹,需要绘制在舞台背景上,怎么办呢? 我们先找到屏幕右下角的背景绘制入口，如图 6-2 所示。

　　想要进行绘制，需要使用对应的工具。此处我们使用如图 6-3 所示的画笔工具，绘制出如图 6-4 所示的轨迹图。

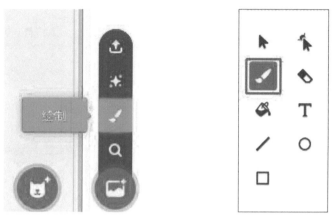

图 6-2　背景绘制入口　　　　　　图 6-3　画笔工具

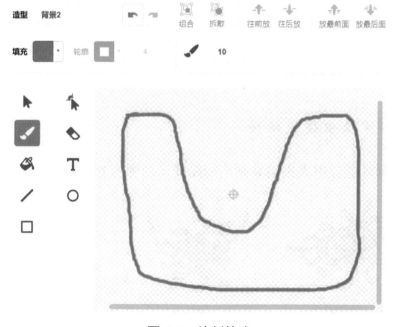

图 6-4　绘制轨迹

2. 添加甲壳虫（Ladybug）

添加角色，可以选择一个甲壳虫（Ladybug）的角色，如图 6-5 所示。

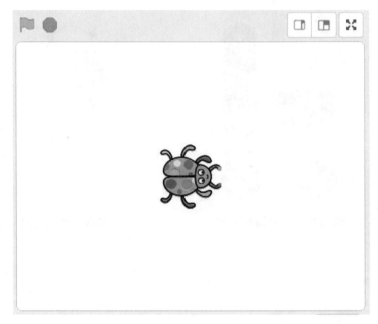

图 6-5　甲壳虫（Ladybug）角色

3. 甲壳虫循迹爬行

如何才能让甲壳虫沿着画出的路线运动呢？如图 6-6 所示。

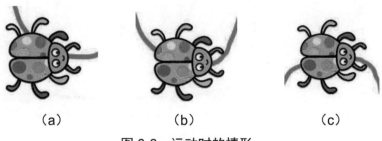

（a）　　　　　　　　（b）　　　　　　　　（c）

图 6-6　运动时的情形

当甲壳虫运动时，需要根据触角的位置来决定动作，有以下 3 种情况：

（1）前进方向两只触角在轨道的两边时，保持前进。

（2）前进方向左侧的触角碰到轨道时，往左转。

（3）前进方向右侧的触角碰到轨道时，往右转。

虽然我们总结出了规律，但是在程序中是如何实现的呢？如何让程序判断是哪只触角碰到线了呢？最简单的办法就是在触角上使用不同的颜色进行标记，也就是我们要给甲壳虫的触角重新造型，给它绘制一红一绿的圆形触点，如图 6-7 所示。

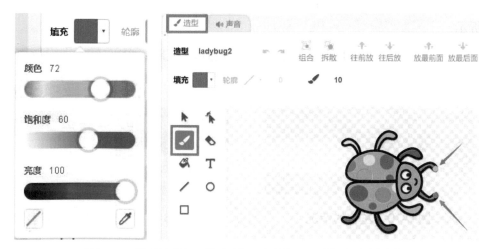

图 6-7　使用画笔工具在触角上做标记（红点和绿点）

标记添加完成之后，我们为每种情况编写对应的程序，这里我们使用侦测分类里的“颜色相互碰到”模块来实现。当单击“颜色相互碰到”模块上面的两个颜色时，会弹出颜色调整菜单，可通过调整颜色的 3 个属性值调整颜色，这里我们使用菜单下方的取色器，在舞台区选取，如图 6-8 和图 6-9 所示。

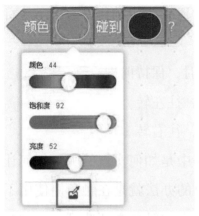

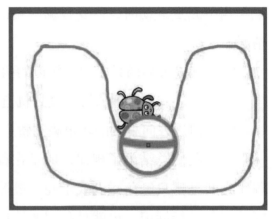

图 6-8　颜色相互碰到　　　　　　图 6-9　取色器取色

前进方向左侧的触角，即绿色点碰到轨道时，往左转，如图 6-10 所示。

前进方向右侧的触角，即红色点碰到轨道时，往右转，如图 6-11 所示。

图 6-10　左转的情况　　　　　　图 6-11　右转的情况

两只触角在轨道的两边时，保持前进，如图 6-12 所示。

组合程序，如图 6-13 所示。

运行一下，我们会发现甲壳虫成功地循迹运动了！

注意，尝试运行程序，如果没有成功，需要调整甲壳虫出发的位置，保证前进方向的左右各有一只触角。再单击"开始"，重新运行一下程序，如图 6-14 所示。

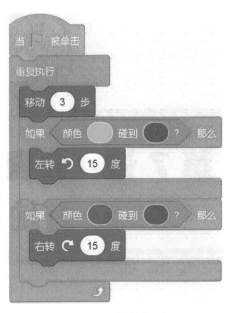

图 6-13　完整程序

图 6-12　直行的情况

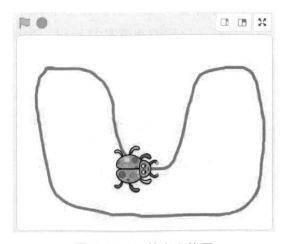

图 6-14　调整出发位置

练习 6

试试用本节课学会的循迹方法，让任意一个角色循迹运动。

第7课　会变化的数——打地鼠

我们已经学习了"拼拼"编程中的循环结构和判断逻辑，现在我们已经具备做小游戏的基本能力了。所以在本节课中，我们将尝试制作一款非常熟悉的小游戏。这款游戏就是打地鼠，如图7-1所示。

图7-1　打地鼠小游戏

1. 舞台和背景

要制作打地鼠这款游戏，我们要做一些基础的准备工作，首先需要添加背景和角色并进行设置。

背景处理较为简单，可以直接绘制一个绿色的矩形作为草场。角色方面，"拼拼"库中是有地鼠角色的，直接添加即可。而地鼠出现的坑洞和锤子是"拼拼"角色库中没有的，我们可以在地鼠角色上用画圆工具绘制坑洞，用画矩形工具绘制一个新角色——锤子，如图 7-2 所示。注意，坑洞绘制完成后，用"往后放"工具，移到地鼠图层后；锤子颜色的调整可以用填充工具中的渐变色。

图 7-2　绘制坑洞和锤子

完成这些前期准备，我们就可以开始编写程序了。

2. 随机出现的地鼠

地鼠不可能出现在我们预知的位置，通常出现在舞台的随机位置。除此之外，地鼠应该有一个先隐藏再出现的过程，这样才会有满屏幕找地鼠的游戏感。可以先尝试编写程序，实现以上效果。如果实现不了，可以参考以下程序，如图 7-3 所示。

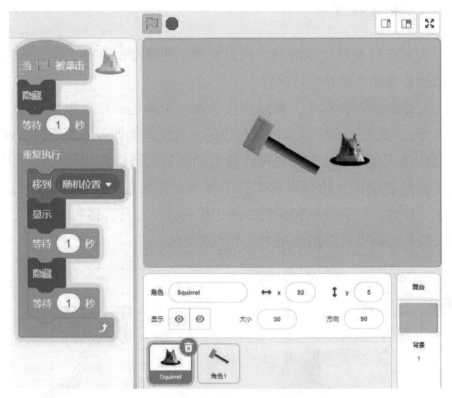

图 7-3　地鼠随机出现

3. 锤子击打效果

地鼠现在已经能在舞台上随机出现了，我们需要赶紧升级一下锤子，治一治这只猖狂的地鼠。锤子具有两个功能，一是能实时跟随我们的鼠标指针移动，这样我们就能用鼠标控制锤子移到舞台的任意位置；二是单击，锤子会出现一个转动的击打效果，这样才符合打地鼠的游戏主题，如果锤子没有击打效果，这样的打地鼠游戏是没有灵魂的。锤子转动的击打效果实现起来是非常简单的，可以通过旋转来实现，如图 7-4 所示。

但是锤子击打还需要一个触发条件，当单击鼠标的时候，击打效果才会出现，不单击鼠标的时候，应该是不击打的。这里用到判断逻辑的知识，如图 7-5 所示。

图 7-4　锤子击打

图 7-5　按键触发锤子击打

现在要解决的就是锤子跟着鼠标指针移动的效果。这个效果应该是游戏启动时开始的，所以当绿旗子被单击之后，锤子就应该一直重复执行移到鼠标指针上的动作。这段程序可以跟按键触发锤子击打的程序放在同一段中，如图 7-6 所示。

图 7-6　锤子的程序

这样，当单击绿旗子启动游戏时，我们就已经实现了地鼠的满图乱窜和鼠标控制锤子移动击打这两个部分。但是，我们还有一个非常重要的游戏体验没获得，那就是得分。在击打地鼠的过程中，如果有了得分，打地鼠的游戏才会有体验感，不然我们都不知道到底有没有打中这只地鼠。

4. 我们来计分

在这个环节，我们就来学习"拼拼"中类似得分这种功能是如何实现的。

要实现分数记录这种功能，需要一个"容器"来记录分数的数值。在"拼拼"中，这个"容器"叫作变量。可能在第一次接触的时候，不太好理解变量到底是什么，这里可以打个比方：变量是一个能用来存放数字的盒子，如图7-7所示。当往这个盒子中放了一个数字5，下次打开盒子取出的数字就是5；当放的数字是306时，下次取出的数字就是306。存放数字的过程叫作赋值，取出数字的过程叫作读取。除此之外，还能改变盒子中的数字。假设我们往盒子中放入数字10，然后对这个盒子中的数字加5，那么下次取出的数字就是15。

（a） （b）

图 7-7 变量

当然，变量不仅可以用来存放数字，还能存放字母、符号、文字等内容。

在"拼拼"中，我们想要使用变量，必须先建立变量。在"拼拼"左侧找到变量模块，然后代码区的第一个积木块就是"建立一个变量"，如图7-8（a）所示。单击，输入变量名字——分数，再次单击确认，"分数"变量就建立好了，如图 7-8（b）所示。当变量前面被勾选时，就能在舞台上看到"分数"变量的具体值了。

"拼拼"中对变量赋值的代码和改变变量大小的积木块如图 7-8（b）所示。

（a）　　　　　　　　　　（b）

图 7-8　变量赋值、改变变量

在打地鼠游戏开始运行的时候，分数肯定是从 0 开始累计的。转换成程序，也就是当绿旗子被单击时，将分数设置为 0。可以将这个程序加在地鼠之前的程序内，如图 7-9 所示。

图 7-9　分数初始化

同时，锤子击打到地鼠也应该加分。这是个小难点，就是锤子要判断有没有打中地鼠，如果打中了，由地鼠来给分数加一分。这不是单纯对一个角色编程，而是涉及两个角色的程序互动。

那么在"拼拼"中如何实现呢？我们之前学过，让两个角色互动可以使用广播，角色和背景互动也可以使用广播，如图 7-10 所示。

回顾一下之前学习的知识，如图 7-10（a）所示，"拼拼"中的广播积木块在"事件"类别中，这个积木块能实现广播的收发，从而实现多角色背景之间的互动。若要新建一个广播消息，可以在下拉列表中选择新消息，如图 7-10（b）所示。

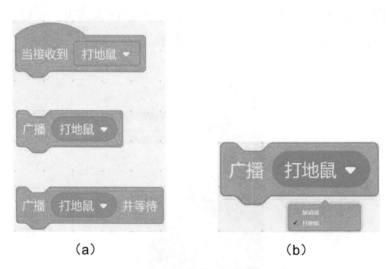

（a）　　　　　　　　　　（b）

图 7-10　广播模块、广播新消息

再回到我们的打地鼠游戏，学会了变量和广播之后，程序的逻辑就一目了然了。当锤子在击打的时候，判断有没有碰到地鼠，如果碰到地鼠，就利用广播控制地鼠，给分数加上一分。

修改后，锤子的程序积木块如图 7-11 所示。

修改后，地鼠的程序积木块如图 7-12 所示。

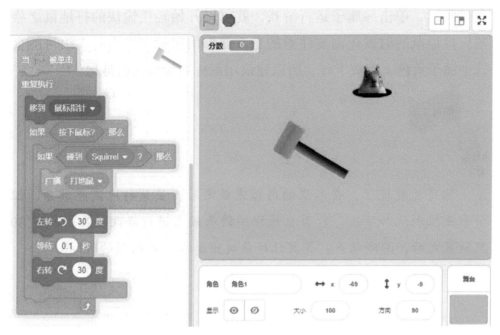

图 7-11　锤子的最终程序积木块

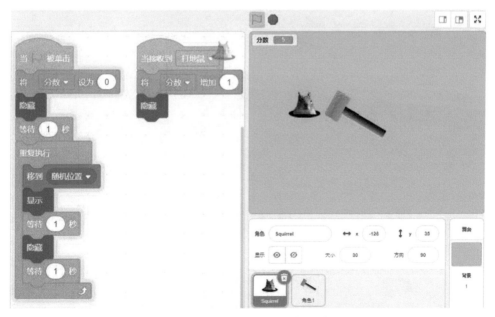

图 7-12　地鼠的最终程序积木块

此时，单击绿旗子运行游戏，就可以开始轻松愉快的打地鼠之旅啦！打地鼠的时候还需要注意的是，如果用鼠标左键击打，很可能会选中锤子角色，造成卡顿，所以建议用鼠标右键来击打地鼠。

练习7

你可能发现了，在本课的内容完成之后，虽然打地鼠能加分，但会永无限制地加下去。能否在原程序的基础上进行修改，在击打了30只地鼠之后，游戏结束，并且让地鼠说出游戏一共所用的时间。

第8课　算一算——打砖块

1. 打砖块玩起来

本节课的动画主题是打砖块。通过移动鼠标来控制挡板水平移动的位置，球在碰到挡板或墙时反弹，碰到砖块后，砖块就隐藏并加分，所有砖块消失后，游戏结束。

想要做出这样的动画作品，首先要有相应的角色和背景，我们先从角色库中添加3个角色，即命名为"挡板"的"Paddle"、命名为"球"的"Beachball"、命名为"砖块"（选择造型2）的"Button2"，如图8-1所示。

两个背景。将"Blue Sky"命名为背景1；在背景1的基础上复制得到一个背景，命名为背景2，并在背景2中输入文字"GAME OVER"，游戏结束时备用，如图8-2所示。

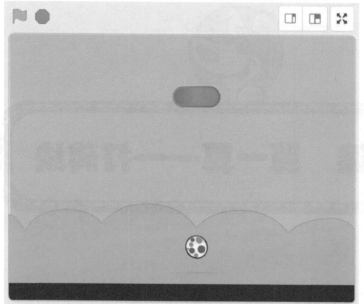

图 8-1　添加角色

图 8-2　添加背景

2. 设计会动的挡板

我们需要给"挡板"添加对应的逻辑：让"挡板"在单击绿色旗子后，移动到屏幕下方（Y 坐标轴固定一个数值）。让"挡板"随着鼠标的 X 坐标移动（把"挡板"的 X 坐标设置为鼠标的 X 坐标）。为了达到上面的效果，我们需要添加以下脚本，如图 8-3 所示。

图 8-3　挡板的代码

3. 设计砖块

将砖块移到舞台上方，如果砖块碰到小球，则播放声音 Laser1，砖块位置随机发生改变。为了计分，需要新建一个变量，在砖块被小球击中时，该变量增加 1，直到小球低于挡板，游戏结束。

我们需要添加如图 8-4 所示的脚本。

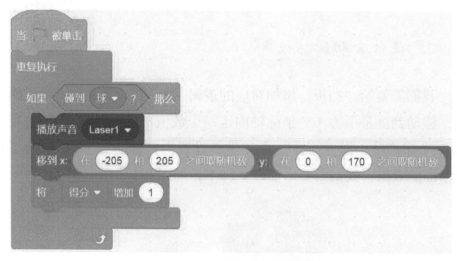

图 8-4　砖块的代码

4. 制作会跳的小球

设置小球初始位置，使用"面向 180° 方向"这个积木块，移动小球，碰到边缘反弹，移动过程中如果碰到挡板，沿着设置好的面向方向进行移动并播放声音 Pop。如果碰到颜色（底部咖色），播放声音 Zoop，游戏结束。

我们需要添加以下积木块，如图 8-5 和图 8-6 所示。

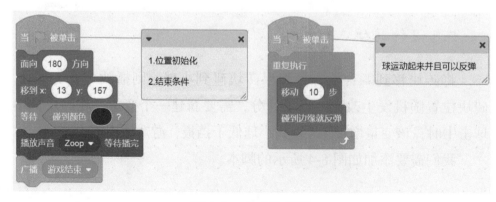

图 8-5　小球的代码

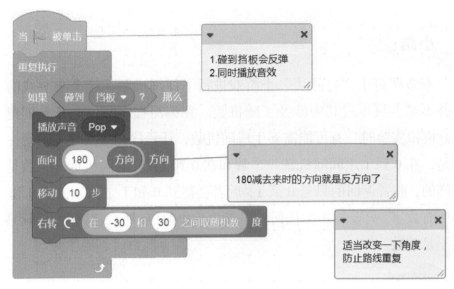

图 8-6　全部代码

5. 游戏结束

向下运动低于挡板，收到游戏结束的消息时，需要把背景 1 切换为背景 2，表示结束程序。

当小球游戏结束时，我们需要添加如图 8-7 所示的积木块。

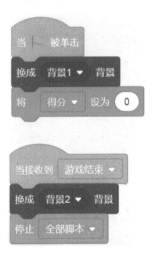

图 8-7　切换背景

小结：

本节课对于"打砖块"小游戏进行了详细讲解，这个小游戏的设计并不难，只不过其中涉及了随机数。在编写程序时，尤其是创建游戏盒模拟实验时，有可能需要生成随机数，让程序产生变化。值得注意的是，在 0 到 1 之间随机选一个数和在 0 到 1.0 之间随机选一个数是不一样的，前者返回的只是 0 或 1，后者会得到 0 和 1 之间（包括 0 和 1）的所有数字。只要积木中任何一个参数有小数点，那么它就会返回小数，而不是整数。

练习8

试一试：加大游戏的难度，怎么做才能再随机出现一个小球呢？

第9课　奇妙画笔——满天星

神笔马良的画笔，你想不想要一支呢？本节课我们就来学习"拼拼"中的拓展模块——画笔。

1. 舞台角色及画笔模块

在学习画笔模块之前，我们先添加背景并隐藏角色，可以选择一个星空（Stars）的舞台背景，如图 9-1 所示。

图 9-1　舞台角色

"拼拼"有九大基础积木块，还有一些拓展模块，如图 9-2 所示。

图 9-2　拓展模块

2. 绘制五角星

本节课我们就来使用画笔模块画出满天繁星。那么在"拼拼"中，我们如何利用画笔模块画出图形来呢？首先我们要添加画笔拓展模块，如图 9-3 所示。

我们可以利用画笔模块设置不同的画笔，并控制画笔的落笔和抬笔，如图 9-4 所示。

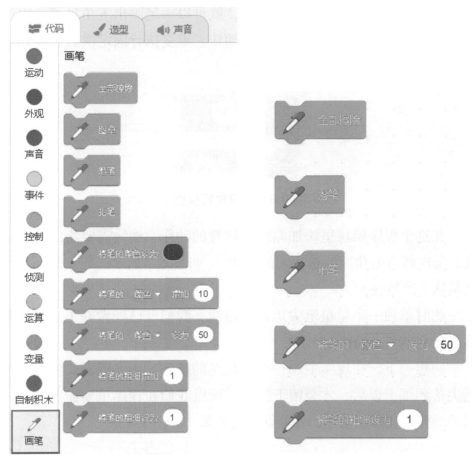

图 9-3　添加画笔模块　　　　　图 9-4　常用画笔设置相关模块

画笔模块可以看作是一支虚拟的画笔，使用程序控制这支画笔在舞台上绘画。那么如何才能画出星星呢？试想一下，在现实中，如果给你一支笔，如何一笔画出一个星星（见图 9-5）？

图 9-5　一笔画出五角星

我们发现，只要笔尖转弯 5 次，就可以一笔画出五角星了。也就是说，需要重复 5 次画线和转弯的动作。重复执行固定次数需要用到一个新的程序模块，如图 9-6 所示。

图 9-6　重复执行模块

在这个程序模块里添加画线和转弯的动作，画线需要给出线的长度，每次转弯的角度都是相同的 144°，如图 9-7 所示。想一想，为什么是这个度数呢？

此时单独一个星星笔尖运动的路线，我们就已经做好了，但是并不能显示出来，为什么呢？

回想一下，在现实中画一个五角星的步骤，会发现需要将画笔的笔尖落到纸上以后，才会留下笔迹，所以我们在程序里要需要执行相同的动作，让画笔落笔，才能够看到效果（见图 9-8）。

图 9-7　添加画线和转弯动作　　图 9-8　添加落笔和抬笔动作

单击"绿旗"，我们会发现在屏幕中间的位置，就显示出一个五角星了，如图 9-9 所示。

图 9-9 绘制一个五角星

3. 绘制带颜色的五角星

如果我们想画出不同颜色的五角星，应该怎么办呢？最简单的方法当然就是换一支不同颜色的画笔，如图 9-10 所示。

图 9-10 设定画笔颜色

模块内的数值就代表了不同的颜色，如果想令每次画出的五角星的颜色均不同的话，可以添加随机数值来实现效果，如图 9-11 所示。

图 9-11 设定随机颜色

组合上面的模块，查看运行效果，如图 9-12 所示。

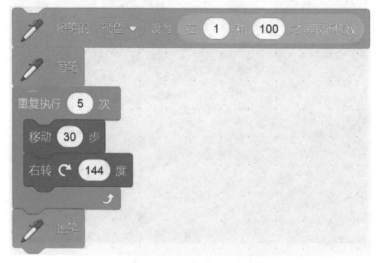

图 9-12 随机颜色五角星

接下来添加鼠标控制的部分，使用鼠标指针控制五角星出现的位置，当单击鼠标时，就会在单击的位置出现一颗五角星。这部分我们使用的是控制分类中的等待模块，配合侦测分类中的按下鼠标模块来实现。等待鼠标单击后，移动到鼠标的位置，如图 9-13 和图 9-14 所示。

图 9-13 鼠标单击控制

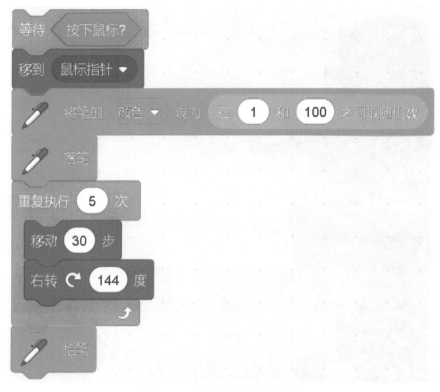

图 9-14　鼠标单击控制程序

如果要多次运行，就需要添加重复执行，如图 9-15 所示。

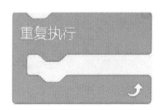

图 9-15　重复执行

最后添加初始化的部分，包括将所有的笔迹擦除和画笔粗细的设置，如图 9-16 所示。

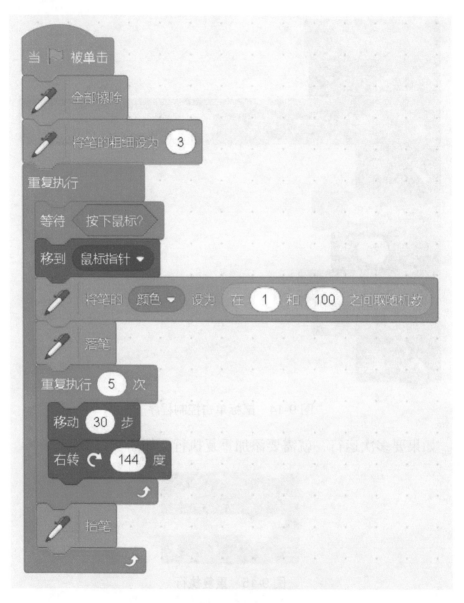

图 9-16　最终程序

最终的整体效果如图 9-17 所示。

图 9-17 实际运行效果

练习 9

你能用本节课学的画笔模块知识在"拼拼"中画出一个六角星（见图 9-18）吗？

图 9-18 六角星

第 10 课　一起来创作

1. 巫师奇遇记

如果你已经学到了本书的这个部分，恭喜你，你已经成功入门"拼拼"，可以来做一些综合性较强的作品了。那么在这节课中，我们会从动画、列表、游戏、拓展 4 个门类分别编写作品。本小节我们学习的是动画的制作。

制作动画并不是想到哪儿做到哪儿，在做动画之前，我们通常要有一个动画的脚本。所谓"脚本"，就是指一些说明性的图片、文字，用来说明动画播放的先后顺序和动画的场景内容，以及一些注意事项，这样方便多人一起来制作动画。脚本一般又分成"文字脚本"和"分镜表"两种，如表 10-1 和 10-2 所示。

表 10-1　文字脚本样例

编剧：方小小　　　　　动画制作：高大大　　　　　日期：2020 年 4 月 1 日

场次	出场人物	地点	场景持续时间 / 秒
1	小明、树、苹果	学校操场	15

续表

场次内容	备注说明
下课期间，小明从教室走出来，到了操场旁边的苹果树下坐下休息，这时一个苹果摇摇晃晃地从苹果树上掉下，砸到了小明，并发出"砰"的一声，小明被砸了以后好像悟出了什么，飞快地跑回了教室	无

场次	出场人物	地点	场景持续时间 / 秒
2	小明、小刚	教室	20

场次内容	备注说明
小明从操场跑回教室后，拉着小刚说："小刚，刚才一个苹果从树上掉下来砸到了我的头，这肯定是因为某种力的作用，我要是能发现这种力，我肯定会震惊世界！"小刚却说道："可是这种力早就被发现了，英国科学家牛顿早在300多年前就已经发现了万有引力，而让苹果从苹果树上掉下来的力也是万有引力的一部分，叫作重力。"小明听到以后，沮丧地摇了摇头，说道："好吧，我当科学家的梦想又破灭了。"	小明沮丧摇头的这个动作也可以换成摸了摸头

表 10-2　分镜表样例

场/镜	分镜图	动作	声音	时间 / 秒
1/1		1. 小明从教室跑到苹果树下靠着坐下 2. 苹果树上掉下一个苹果砸到小明，发出声音 3. 小明跑回教室	苹果砸到小明的"砰"	15
1/2		1.小明跟小刚对话，浮现对话文字 2.小刚跟小明对话，浮现对话文字 3. 小明摇摇头，浮现对话文字	浮现对话文字时发出"咕叽咕叽"的模拟对话的声音	20

（1）本节课的动画内容

本节课的动画主题是巫师奇遇记，讲述的是巫师在密林中碰到一位半兽人，半兽人非常慌张地请求巫师帮忙，巫师很轻松地答应了，结果没想到追出来了一条喷火巨龙，于是巫师和半兽人一块儿匆忙地逃走了。故事的情节就是以上这些内容，文字脚本或者是分镜表这里暂不列出，在本节课的最后作为作业布置。

想要做出这样的动画作品，我们首先要有相应的角色和背景，先添加角色"巫师""半兽人"和背景"密林"，如图10-1所示。

图10-1　添加角色和背景

（2）第一镜：巫师探险

一开始应该只有密林背景，3个角色都未出现，然后巫师缓缓地从舞台左侧走进密林，并且口中念念有词，毕竟一个人探险太孤独了，要自言自语缓解孤独感。

如图10-2所示，这段程序应该是非常简单的，单击绿旗子时巫师要隐藏起来，然后出现在舞台的左侧边缘，营造一种缓缓迈入的感觉，走了几步说："这密林真大啊！"，又走了几步说："什么时候能找到制作魔法杖的青藤树啊！"

图 10-2　巫师探险

寥寥几个动作和话语，其实已经把故事的情节勾勒出来了，看动画的人就知道巫师是进一片很大的密林里找制作魔法杖的材料，而且已经找了一段时间了，从话语中能感受到巫师的疲惫。

在这里，我们不能只写巫师的程序，还有两个角色——半兽人和巨龙，在动画启动时也是要隐藏的，如图 10-3 所示（半兽人的英文 centaur，是人马的意思，指半人半马的怪物；龙的英文是 dragon，一般指西方龙）。

（3）第二镜：相遇

巫师找了一会儿之后，前方突然出现了一位半兽人，半兽人飞快地来到巫师面前，请求巫师帮助，巫师满不在乎地答应了下来。

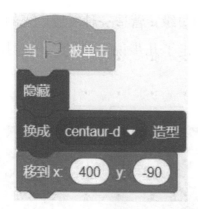

图 10-3　半兽人和巨龙的初始化

　　要实现这样的场景，就要用到角色的互动了。我们发现半兽人进场是在巫师说完话之后，这里可以使用广播来进行触发，如图 10-4 和图 10-5 所示。

图 10-4　相遇时巫师发广播 1

图 10-5　收到广播 1 后半兽人的程序

（4）第三镜：巨龙忽然出现

巨师听了半兽人的请求，觉得自己身为一名巫师，拥有一身魔力，帮助半兽人解决问题是没有难度的，所以满不在乎地答应了，结果没想到追半兽人的居然是一条巨龙，于是巫师果断放弃帮助半兽人，赶忙逃命。

中间过渡的对话可以自由发挥，当对话完毕之后，要用半兽人或者是巫师发送广播 2，触发巨龙进场，如图 10-6 所示。

巨龙进场后，巫师就会害怕地逃跑，可以用巨龙发送广播 3 来触发巫师逃跑，如图 10-7 所示。

而巫师在逃跑后发送的广播 4 又能触发半兽人逃跑，如图 10-8（a）所示，并且也能触发巨龙进行喷火，如图 10-8（b）所示。

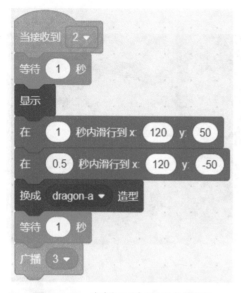

图 10-6　广播 2 触发巨龙程序

图 10-7　广播 3 触发巫师逃跑

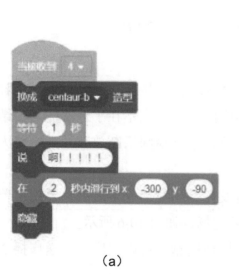

（a）

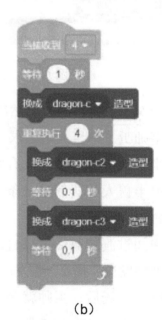

（b）

图 10-8　广播 4 触发半兽人逃跑和巨龙喷火

总结一下，本节课的内容是前面所学的很多基础编程技能的融合。关键点就是发送广播，触发其他角色进行相应的动作。其他部分，如角色的对话、造型的切换、角色的移动等，都可以自由发挥。

　　我们来回顾一下最核心的广播触发的程序逻辑。首先，巫师在自言自语之后，发送广播 1，触发半兽人进场。半兽人和巫师对话完毕后，发送广播 2，触发巨龙进场。巨龙进场后，发送广播 3，触发巫师逃跑，巫师逃跑后发送广播 4，触发半兽人逃跑，并触发巨龙喷火。通过梳理，程序的逻辑就非常明晰了。除此之外，程序可以进行一些调整，小朋友可以自己来修改，设计得更有趣味性，更有故事性。

练习 10.1

　　（1）本节的动画《巫师奇遇记》，书中并没有给出"文字脚本"，请参照本节内容，自己设计一个《巫师奇遇记》的文字脚本。

　　（2）在本节程序的基础上，添加程序：巨龙喷火后，飞到舞台左侧，消失，然后切换成下一个背景，巫师从舞台右侧出现，跑到舞台左侧消失，紧接着半兽人从舞台右侧出现，跑到舞台左侧消失，最终，巨龙从舞台右侧出现，扑扇着翅膀飞到舞台左侧，并消失。

2. 你问我答

　　现在我们从列表入手，学一学"拼拼"中一些不太好理解的功能。我们将制作一个问答的互动游戏，提前设置好一些问题以及问题的答案，然后"拼拼"舞台上的角色会随机提出其中一个问题，进行问答游戏的玩家需要打字回答，答对了加 1 分，答错了不加分。问题回答完成后，"拼拼"会计算该玩家的最终分数，给出所有参与问答游戏玩家的排名榜。

通过上面的叙述，你应该已经想到了要完成这个作品，需要用到什么角色和背景，如图 10-9 所示。

图 10-9　添加角色和背景

接下来，我们要使用一个新的功能模块，达到提问回答的效果。这个功能模块在侦测模块中，如图 10-10 所示。

图 10-10　询问积木块

询问后面可以输入要问的问题，问题可以随意设置。当运行这个询问模块后，舞台上相应角色会进行询问，舞台下方会出现空白的回答条，等待用户输入答案。而图 10-11 下方的圆形"回答"积木块，用来储存用户输入的回答，这其实相当于一个变量。如果勾选了回答积木块前方的方框，那么就可以实时地在舞台上看到当前的回答了。

图 10-11 就是运行询问后的实际效果。可以看到舞台左上方的回答中还是空的，没有数据，当我们输入回答后，按回车键或单击回答框后面的对勾，相应的答案就会出现在舞台上方的回答中。

图 10-11　运行询问的实际效果

但是我们并不仅仅是要询问一个问题，我们要做的是一个问答游戏。问答游戏需要很多组问题和答案，这里就需要用到我们本节开篇时提到的列表积木块。

列表跟变量有点类似，如果我们把变量比作一个可以装东西的抽屉，列表就是一个有很多抽屉的柜子。每层抽屉都能装东西，相当于每层抽屉都是一个变量。

在进行本节的你问我答游戏时，需要一个问题库，里面有多个问题。而询问模块只能提问一个问题，这时，列表就起作用了。我们先在"拼拼"中建立一个列表，如图 10-12 所示。

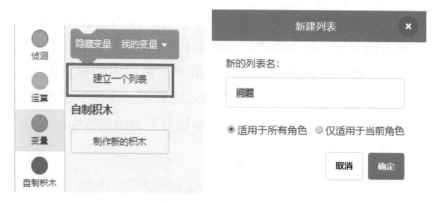

图 10-12　新建列表

列表建完之后，可以发现"拼拼"舞台上出现了问题列表框，如果取消问题列表前面的勾选，那么该列表就在舞台上隐藏起来了（见图 10-13）。

图 10-13　列表的隐藏和显示

现在我们已经建立了问题的列表，可以把"你问我答"这个作品的所有提问问题都装进这个列表中，如图 10-14 所示。

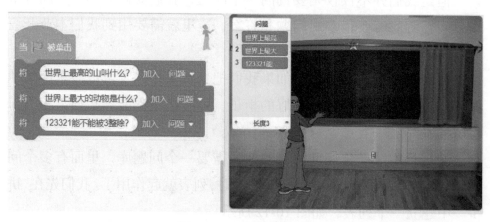

图 10-14　添加列表项

如图 10-15 所示，这样就能把多个问题加入"问题"列表中，新添加的列表项会依次创建。添加了多少个问题，列表中就会有多少个项目。接下来，可以用同样的方法，把这些问题的答案，添加进另一个"答案"列表中。注意，答案一定要对应着问题来添加，不能打乱顺序。除此之外，如果发现两个列表中出现了重复的项目，就需要在启动程序时，先要将两个列表清空，如图 10-15 所示。

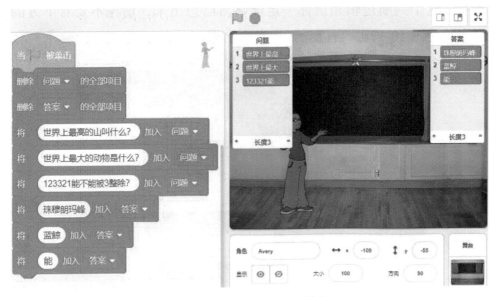

图 10-15　添加问题和答案

问题和答案添加完成后，我们需要进行本节中最核心的部分——程序编写，即问问题并判断答案是否正确。

首先我们来解决如何问问题。

列表中的每一项都是有项目编号的，我们在问问题时，可以用之前学过的随机数模块，随机一个项目编号，然后询问这个项目编号对应的问题。

当然，随机数需要用一个变量来记录，我们可以新建一个变量——序号，来记录随机数，如图 10-16 所示。

图 10-16　询问问题

询问问题就是这么简单，但是问了问题之后，还要判断回答得对不对。这个判断逻辑相信你一定能够自己想出来，请先不要看下方的程序（见图 10-17），自己尝试把它写出来。

图 10-17　判断答案

图 10-17 是判断答案是否正确的程序。此时会发现，问题的顺序和添加答案的顺序——对应的必要性。假如是随意添加答案的，就会出现回答正确的情况下，反而会说是错误的。如果只是问一个问题，那么将图 10-17 所示的程序和图 10-15 所示的程序拼接起来就可以了。但是本节的"你问我答"问答游戏，需要很多个问题，要将列表中的问题——问出才可以。所以我们要循环图 10-17 所示的程序多次。为了防止重复问相同的问题，我们可以每次问完，就将所问的问题和相

应的答案分别从列表中删除，如图 10-18 所示。

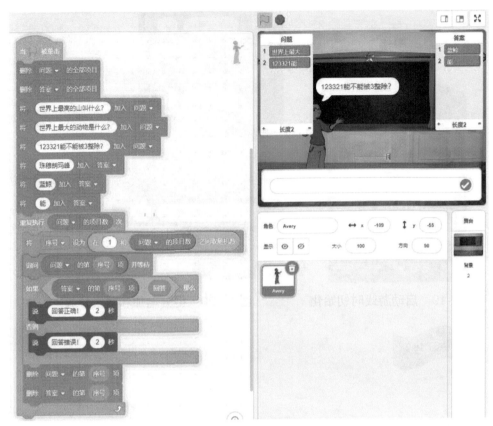

图 10-18　问完问题后删除相应的问题和答案

现在离完成这个作品已经很近了，为了使作品看起来更具竞技性，我们可以引入分数。当回答正确时加 1 分，回答错误时不加分，并在问题回答完成后播报最终得分。这样我们就可以让不同的小伙伴来玩我们制作的问答游戏，并通过分数进行比拼了。

如图 10-19 和图 10-20 所示，我们对程序进行相应的修改之后，"你问我答"这个作品就完成啦！现在，"你问我答"已经实现问问题、判断回答是否正确以及计分的所有功能了。

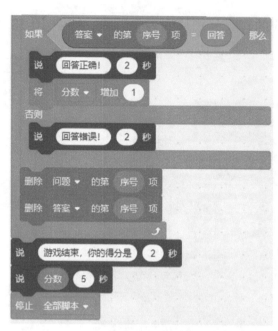

图 10-19　启动游戏时初始化

图 10-20　得分增加和播报分数

练习 10.2

"你问我答"的比拼游戏已经完成了，但是问题库中的问题数量太少了，只回答 3 个问题游戏就结束了，这样问答游戏就结束得太快了。你能否将问题库中的问题扩充到 10 个呢（别忘了把对应的答案也添加上）？

3.　蹦蹦跳跳的 Pico

你一定非常想用"拼拼"来制作游戏，本节就用"拼拼"的角色 Pico 来制作一款蹦跳躲避障碍的游戏，如图 10-21 所示。

预想中的游戏效果是这样的，在地平线上，

图 10-21　角色 Pico

可爱的 Pico 一直努力地向前跑着，但是沿途会随机出现各种障碍，比如高矮不一的大树以及硕大无比的鸟儿，玩家在操控 Pico 时，按上键可以跳跃躲避地上的大树，按下键可以让 Pico 趴倒，每躲过一个障碍，就会加上一分。当 Pico 不小心撞上大鸟或者大树的时候，游戏就会终止，Pico 会播报出玩家的得分。

按照上面的描述，我们可以添加所需的角色和背景。如图 10-22 所示，我们先添加背景。

如图 10-22（a）所示，我们先用矩形工具绘制出一个大的白色长方形，并铺满整个舞台。然后用直线工具在舞台靠下的位置画一条粗黑线，作为地平线，如图 10-22（b）所示。这里需要注意的是，在画的过程中要把白色矩形放在直线图层后，这样不会挡住直线。

再添加角色 Pico、大树和大鸟，最终效果如图 10-23 所示。

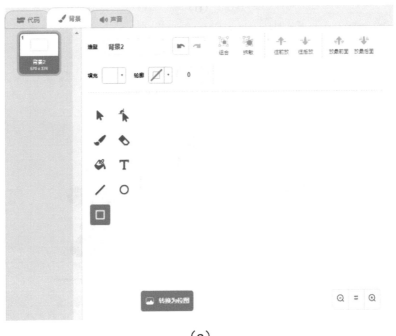

（a）

图 10-22　绘制背景

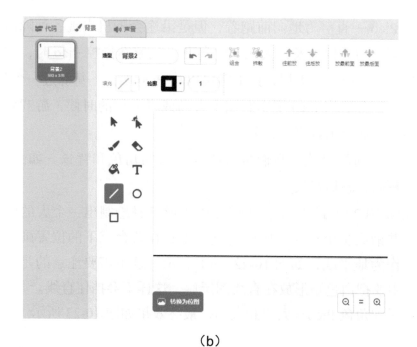

（b）

图 10-22　绘制背景（续）

图 10-23　角色和背景效果图

添加完角色和背景之后，我们来考虑一下 Pico 的操作程序。

首先我们要让 Pico 在地平线上走动，并且是地平线的左侧，我们直接用鼠标拖动 Pico 到相应位置，然后拖出移到 X 模块和 Y 模块就可以了。在之前的内容中都曾做过（见图 10-24）。

　　然后我们要实现的是按↑键能让 Pico 跳起来，按↓键能让 Pico 趴下。这段程序如图 10-25 所示。

图 10-24　Pico 初始化以及切换造型

图 10-25　"按↑键""按↓键"
让 Pico 做不同的动作

可以看到，这里并没有用"按↑键""按↓键"这两个模块，而是采用了循环判断的写法，这种方法能让 Pico 在跳起来的时候不能趴下，在趴下的时候不能跳起来。可以看到跳起来的程序非常冗长，这是因为我们需要营造一个受重力影响的弹跳效果，而不是匀速向上、匀速下坠。

而按↓键后，我们选择让 Pico 旋转一个角度，营造出趴下的效果，因为 Pico 这个角色并没有趴下的造型。

接下来，我们来看看大树的程序应该怎么写。

这个游戏中，大树应该出现在舞台的右侧，然后在地平线上较为快速地滑向舞台的左侧，碰到 Pico 或者碰到舞台边缘的时候，大树就会消失，接着下一棵大树可能又从舞台右侧出现，营造出 Pico 不断往前奔跑的效果。

为了实现这样的效果，我们可以用到克隆模块，如图 10-26（b）所示。

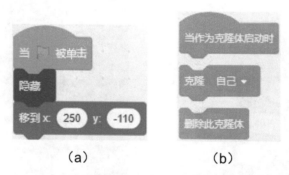

（a）　　　　（b）

图 10-26　大树的初始化程序和克隆模块

使用"克隆自己"这个模块后，能出现一个和原角色一模一样的复制体，这个复制体可以脱离本体进行移动、变化。"当作为克隆体启动时"这个模块就是用来触发克隆体的相关程序，"删除此克隆体"一般就接在"当作为克隆体启动时"的下方（见图 10-27）。

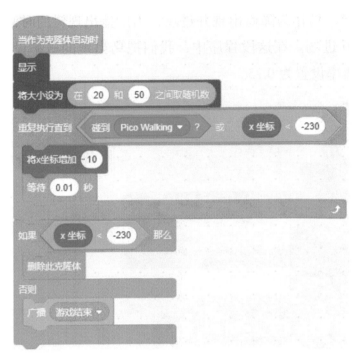

图 10-27　大树克隆体程序

如图 10-27 所示的程序，我们让大树的本体一直停留在舞台的右侧外部，当需要大树充当障碍的时候，就克隆一棵大树进场。克隆大树的大小为 20 ～ 50 的随机数，大树会一直减少 X 坐标，这样就会营造出滑动的效果，直到碰到舞台边缘或者碰到 Pico 时，停止移动。当碰到 Pico 时，说明玩家控制的角色没有躲过障碍，游戏结束。当碰到舞台边缘时，说明玩家成功控制 Pico 越过了障碍，就要将克隆体删除。

那么现在问题来了，什么时候要大树充当障碍进场呢？你应该知道，本节的游戏《蹦蹦跳跳的 Pico》是有两个障碍的，一个是大树，一个是大鸟。大树或者大鸟作为障碍物不能一起进场。如果一起进场，天上和地上都有障碍，Pico 是没法躲过的。所以在这里，我们可以采用随机数控制障碍进场的方法，如图 10-28 所示。

我们在背景当中，可以加上图 10-28 所示的程序，这样当广播出现鸟的时候，鸟作为障碍出现并进场；当广播出现树的时候，树作为障碍出现并进场。在这段程序中，我们把鸟出现的概率设置为 0.25，树出现的概率设置为 0.75。

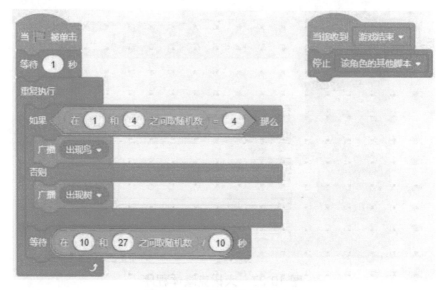

图 10-28　随机数控制障碍

当然，发送了广播，相应的树和鸟的程序中就要加上接收广播的程序，我们这里以树为例，如图 10-29 所示。

图 10-29　大树接收广播进行相应操作

这样，大树的程序基本就写完了。不过作为游戏角色，它还少了灵魂，也就是计分。作为一款游戏，如果只是单纯地控制 Pico 上下跳来躲避障碍，躲过后并没有奖励的话，这个游戏玩起来就没有吸引力了。所以，我们要给游戏加上计分环节。这还不够，我们还要让障碍的移动速度能够加快，因此我们可以添加两个变量，分别控制速度和计算分数。速度可以跟时间结合起来，如图 10-30 所示。

图 10-30　Pico 中进行计时器、分数、速度的初始化

可以看出，速度是随着时间变化的，当游戏启动 20 秒后，速度是 20，启动 80 秒后，速度是 26。

当然，也别忘了，要给 Pico 中加上游戏结束的触发程序，如图 10-31 所示。

只在 Pico 中初始化分数可不行，计分的程序也得出现在大树和大鸟中，在大树或大鸟碰到舞台边缘时，要进行加分。在没有碰到舞台边缘或者 Pico 时，要让障碍每过 0.01 秒就向舞台左侧移动一段距离。我们以大树的程序为例，如图 10-32 所示。

图 10-31　Pico 中游戏结束时播报分数

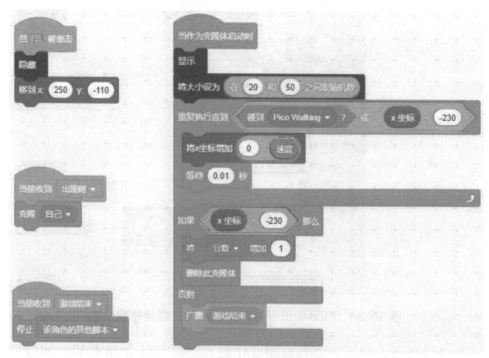

图 10-32　大树的程序

大鸟的程序和大树类似，但是要注意大鸟的体型不能是 20 ～ 50 的随机数，因为鸟儿一旦缩小，就没有压迫感了，飞在天上也就没有让 Pico 躲的感觉了。除此之外，鸟儿的飞行还得扑扇翅膀，所以要多个切换造型的程序，如图 10-33 所示。

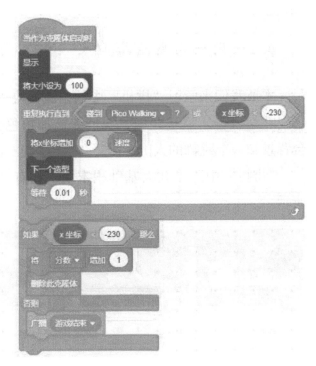

图 10-33 大鸟的程序

这样所有的程序就完成了，赶紧单击绿旗子开始游戏，看看自己能得多少分吧！

练习 10.3

游戏完成了，但我们还可以让游戏内容更加丰富，让游戏体验更完善，你是否能完成以下两个任务？

（1）在 Pico 越过障碍的时候，发出"叮"的声音，象征着成功越过一次障碍。

（2）让游戏具备记录最高分和最高分玩家姓名的功能。

4. 一闪一闪亮晶晶

本节我们来学习"拼拼"中的拓展模块——音乐。

在学习音乐模块之前，我们先添加角色和背景，可以选择一个舞台背景和一个跳舞的人。

"拼拼"中除了九大基础积木块，还有一些拓展模块，如图 10-34 所示。

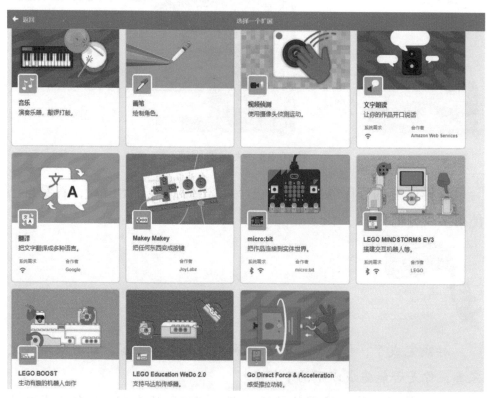

图 10-34　拓展模块

如果想使用以上的拓展模块，那么只需要单击想添加的模块就可以了。本节我们使用的是音乐模块。小时候接触到的几首歌曲中，有一首非常经典的歌曲，虽然只有寥寥几个音调，但是却非常地优美，令人印象深刻。这首歌曲就是《小星星》，如图 10-35 所示。

图 10-35 《小星星》简谱

那么在"拼拼"中，如何利用音乐模块把《小星星》演奏出来呢？首先要添加音乐模块，如图 10-36 所示。

我们可以利用音乐模块设置不同的音色，如钢琴、电子琴、大提琴等，并且还能设置播放音符的音调及拍数。我们稍微介绍一点乐理知识，如图 10-37 所示。

"拼拼"的演奏音乐积木块，单击音符数字，会弹出类似钢琴键的音高积木块，最左边的白键代表的是 C 音名，也就是我们熟知的 do，右边的第二个白键代表的是 D，也就是我们熟知的 re。以此类推，是音名 E、F、G、A、B，对应着也就是 mi、fa、sol、la、si。最右边的白键是下一个八度的 C，也就是下一个八度的 do，如图 10-38 和表 10-3 所示。

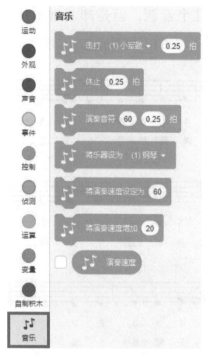

图 10-36　添加音乐模块　　图 10-37　"拼拼"音乐积木块的音调

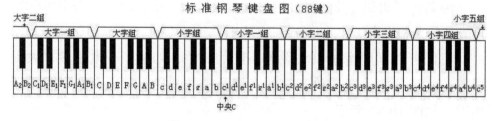

图 10-38　钢琴键盘示意图

表 10-3　"拼拼"音符的对应关系

1̣	2̣	3̣	4̣	5̣	6̣	7̣
48	50	52	53	55	57	59
1	2	3	4	5	6	7
60	62	64	65	67	69	71
1̇	2̇	3̇	4̇	5̇	6̇	7̇
72	74	76	77	79	81	83

再看图 10-37，音符后面的 0.25 代表的是音乐节拍。拍又是什么呢？拍就是音乐中用来定义音的长度的单位。根据曲作者的要求，这个基本单位的时长也是可以变化的。比如作者规定 1 分钟 60 拍，那么一拍就是 1 秒。此外，作曲家还能规定拍号，如图 10-39 所示。

小 星 星

$1=C \dfrac{4}{4}$

佚名 词曲

图 10-39 《小星星》拍号样例

可以看到，样例中最左侧 $1=C \dfrac{4}{4}$，说明作曲家设定以四分音符为一拍，一小节 4 拍。总之，在拍号中，分母决定以哪个音符为一拍，分子决定一小节有多少拍。这样当节拍是每分钟 60 拍时，每拍就是 1 秒，每个四分音符为一拍，每节有 4 拍。

在"拼拼"的音乐模块中，也会有与此相对应的模块代码，如图 10-40 所示。

图 10-40 设定演奏速度

如图 10-40 所示，"拼拼"可以设置演奏速度，当演奏设定为 60 时，代表节拍是每分钟 60 拍，也就是说此时的 1 拍就是 1 秒。图 10-39 所示的《小星星》拍号样例中，作曲家以四分音符为一拍，也可以理解成将"拼拼"中的每个音符设置成 1 拍，也就是 1 秒，如图 10-41 所示。

图 10-41 设定节拍

现在，我们已经知道如何设定演奏速度，如何设定节拍。接下来，只要把每个音符的音高、音名设置正确就可以了。

我们可以参照表 10-3 和图 10-37 来制作一个《小星星》第一段的音符对照表（见表 10-4）。

表 10-4   "拼拼"小星星音符对照表

1	演奏音符 60 1 拍
1	演奏音符 60 1 拍
5	演奏音符 67 1 拍
5	演奏音符 67 1 拍
6	演奏音符 69 1 拍
6	演奏音符 69 1 拍
5	演奏音符 67 1 拍

参照表 10-4，可以知道《小星星》的后面几段应该如何去写了。《小星星》的曲子虽然一共有 6 段，但它是重复的，不重复的部分其实就是 3 段：1155665,4433221,5544332。所以在"拼拼"中完全可以只写 3 段的程序，这里采用自制积木的方式，分别来制作这 3 段程序，如图 10-42 所示。

图 10-42 自制积木

单击自制积木后，我们可以修改自制积木的名称，比如我们要写《小星星》第一段的程序，就可以把这个自制积木改名为片段 1。具体程序如图 10-43 所示。

同样，片段 2 和片段 3 的程序也非常简单，按照片段 1 的方法，我们可以一起制作完成，如图 10-44 所示。

至此，其实《小星星》所有片段的程序都完成了，我们只要将它们组合起来，就可以弹奏《小星星》了，如图 10-45 所示。

除此之外，我们还可以让添加的角色配合《小星星》的曲子，进行舞蹈，如图 10-46 所示。

图 10-43　片段 1

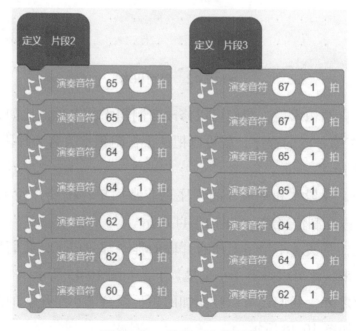

图 10-44　片段 2 和片段 3

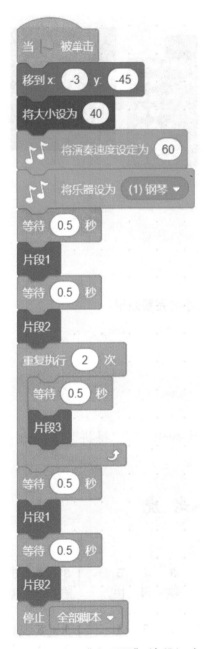

图 10-45 《小星星》片段组合

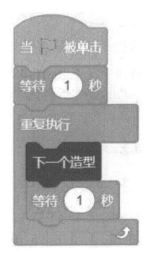

图 10-46 让角色舞起来

最终的整体效果如图 10-47 所示。

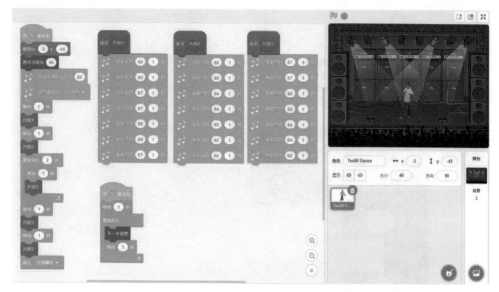

图 10-47　程序的完整效果

练习 10.4

你能运用本节课学习的音乐模块知识, 在"拼拼"中编出《两只老虎》的曲子（见图 10-48）吗?

两只老虎

$1=C$ $\frac{4}{4}$

| 1 2 3 1 | 1 2 3 1 | 3 4 5 - | 3 4 5 - |

两　只　老　虎，　两　只　老　虎，　跑　得　快，　　跑　得　快，

| 5̣ 6 5̣ 4 3 1 | 5̣ 6 5̣ 4 3 1 | 1 5 1 - | 1 5 1̇ - |

一　只　没　有　眼　睛，　一　只　没　有　耳　朵，　真　奇　怪，　　真　奇　怪。

图 10-48　《两只老虎》曲谱

附　录

"拼拼"中共有九大类积木块以及额外的拓展积木块，供我们使用。本附录将所有非拓展的积木块一一列出，方便读者查阅。

1. 运动类积木块

运动类积木块能控制角色移动、旋转，调整角色的位置和面朝的方向，如附表 1 所示。

附表 1　运动类积木块

序　号	积　木　块	说　明
1	移动 10 步	让角色从当前位置开始瞬间移动一段距离，移动的长度是输入的步数。如果输入的是负值（如-10），那么角色会向相反的方向移动
2	右转 C 15 度	让角色向右旋转指定角度，如果输入的是负值，那么角色会向相反方向旋转

续表

序　号	积　木　块	说　明
3	左转 ↺ 15 度	让角色向左旋转指定角度，如果输入的是负值，那么角色会向相反方向旋转
4	移到 随机位置 ▼	让角色移动到随机位置、鼠标位置或其他角色的位置，下拉列表可以选择其中一种
5	移到 x: 0 y: 0	让角色瞬间移动到指定坐标位置
6	在 1 秒内滑行到 随机位置 ▼	让角色在指定时间内滑行到随机位置、鼠标位置或其他角色的位置，下拉列表可以选择其中一种
7	在 1 秒内滑行到 x: 0 y: 0	让角色在指定时间内滑行到指定坐标位置，改变时间可以调整滑行速度
8	面向 90 方向	设置当前角色面朝的方向，可以通过直接输入角度或者旋转刻度盘来改变
9	面向 鼠标指针 ▼	让角色面向鼠标指针或者其他角色
10	将 x 坐标增加 10	改变角色的 x 坐标。如果是正值，角色会向右移动；如果是负值，角色会向左移动
11	将 x 坐标设为 0	直接设置角色的 x 坐标
12	将 y 坐标增加 10	改变角色的 y 坐标。如果是正值，角色会向上移动；如果是负值，角色会向下移动

续表

序 号	积 木 块	说 明
13	将y坐标设为 0	直接设置角色的 y 坐标
14	碰到边缘就反弹	让角色碰到舞台边缘就反弹
15	将旋转方式设为 左右翻转 ▼	设置角色的旋转方式。如果是左右翻转，则角色只能在水平方向翻转；如果是任意旋转，则角色可以 360° 旋转；如果是不可旋转，则角色无法旋转
16	□ x 坐标	储存当前角色的 x 坐标，可将其拖入其他积木块的椭圆形槽使用。若勾选前方的复选框，则在舞台上显示当前角色的 x 坐标
17	□ y 坐标	储存当前角色的 y 坐标，可将其拖入其他积木块的椭圆形槽使用。若勾选前方的复选框，则在舞台上显示当前角色的 y 坐标
18	□ 方向	储存当前角色的方向，可将其拖入其他积木块的椭圆形槽使用。若勾选前方的复选框，则在舞台上显示当前角色面朝的方向

2. 外观类积木块

外观类积木块能影响角色或背景的外观，控制角色的显示和隐藏以及显示文本等，如附表 2 所示。

附表2　外观类积木块

序　号	积　木　块	说　明
1	说　你好！　2 秒	让角色在舞台区以气泡文字的方式说话，并不会发出声音。可以更改说话的内容和说话的时间长短，到时间后，气泡文字消失
2	说　你好！	让角色一直在舞台区以气泡文字的方式说话。如果要清除角色说话的气泡，可单击空白的"说"积木块
3	思考　嗯……　2 秒	让角色在舞台区以气泡文字的方式思考，模拟角色思考的过程。可以更改思考的内容和时间长短，到一定时间后，气泡文字消失
4	思考　嗯……	让角色一直在舞台区以气泡文字的方式思考。如果要清除角色思考的气泡，可单击空白的"思考"积木块
5	换成　造型2　造型	当角色有多个造型时，切换到指定的造型，下拉列表可选择不同的造型
6	下一个造型	切换角色的下一个造型。当前造型为最后一个造型时，单击下一个造型，切换到角色的第一个造型
7	换成　背景1　背景	当有多个背景时，切换到指定的背景，下拉列表可选择不同的背景
8	下一个背景	切换到下一个背景。当前背景为最后一个背景时，单击下一个背景，切换到第一个背景
9	将大小增加　10	改变角色的大小。如果是正值，角色会变大；如果是负值，角色会变小

序　号	积　木　块	说　明
10	将大小设为 100	直接设置角色的大小。如果输入的值是100，那么直接设置角色的大小为初始大小
11	将 颜色 特效增加 25	改变角色的特效，如颜色、鱼眼、旋涡、像素化、马赛克、亮度、虚像等
12	将 颜色 特效设定为 0	直接设定角色的特效，如颜色、鱼眼、旋涡、像素化、马赛克、亮度、虚像等，当输入的值是100时，设置这些特效为初始化特效
13	清除图形特效	清除角色的所有图形特效，将角色初始化
14	显示	让角色在舞台上显示
15	隐藏	让角色在舞台上隐藏
16	移到最 前面	让角色所在的图层移到其他所有角色图层之前或者之后。移到最前面时，该角色在最上层显示；移到最后面时，该角色在最下层显示
17	前移 1 层	让角色所在的图层前移或者后移一层，当角色所在的图层在其他角色所在的图层之后，该角色会被其他角色遮挡
18	造型 编号	储存当前角色当前造型的编号，可将其拖动到其他积木块的椭圆形槽内使用。若勾选前方的复选框，则在舞台上显示当前角色的当前造型编号

序　号	积　木　块	说　明
19	□ 背景 编号 ▾	储存当前角色的背景编号，可将其拖动到其他积木块的椭圆形槽内使用。若勾选前方的复选框，则在舞台上显示当前的背景编号
20	□ 大小	储存当前角色的大小数值，可将其拖动到其他积木块的椭圆形槽内使用。若勾选前方的复选框，则在舞台上显示当前角色的大小数值

3. 声音类积木块

声音类积木块能控制角色发出不同的声音，并能改变声音的大小，如附表 3 所示。

附表 3　声音类积木块

序　号	积　木　块	说　明
1	播放声音 喵 ▾ 等待播完	让角色或背景播放指定声音并一直等待这个声音播完，下拉列表可选择不同的声音
2	播放声音 喵 ▾	让角色或背景播放指定声音，并立刻执行下一个积木块
3	停止所有声音	停止播放所有声音
4	将 音调 ▾ 音效增加 10	改变角色或背景所播放声音的音调及左右平衡列表
5	将 音调 ▾ 音效设为 100	直接设置角色或背景所播放声音的音调及左右平衡的数值

续表

序　号	积　木　块	说　明
6	清除音效	清除所有音效
7	将音量增加 -10	改变播放声音的音量，正值为增加，负值为减小
8	将音量设为 100 %	直接设定播放声音的音量值
9	☐ 音量	储存当前角色或背景播放声音的音量数值，可将其拖动到其他积木块的椭圆形槽使用。若勾选前方的复选框，则在舞台上显示当前角色或背景播放声音的音量数值

4. 事件类积木块

事件类积木块能触发程序的运行，如附表4所示。

附表4　事件类积木块

序　号	积　木　块	说　明
1	当 ▢ 被单击	当绿旗子被单击时，运行置于其下方的程序
2	当按下 空格 ▼ 键	当按空格键或其他按键时，运行置于其下方的程序，下拉列表可选择不同的按键
3	当角色被单击	当该角色被单击时，运行置于其下方的程序
4	当背景换成 背景1 ▼	当背景换成指定背景时，运行置于其下方的程序

续表

序　号	积　木　块	说　明
5	当 响度 ▼ > 10	当声音的响度或者计时器的计时超过设定值时，运行置于其下方的程序
6	当接收到 消息1 ▼	当接收到指定广播消息时，运行置于其下方的程序
7	广播 消息1 ▼	给所有角色和背景广播指定消息，单击下拉按钮，可新建消息
8	广播 消息1 ▼ 并等待	给所有角色和背景广播指定消息，并等待其他角色或背景接收到消息后将事情做完，再运行置于其下方的程序

5. 控制类积木块

控制类积木块能设置运行程序时的逻辑，如附表5所示。

附表5　控制类积木块

序　号	积　木　块	说　明
1	等待 1 秒	等待指定时间后，再运行置于其下方的程序
2	重复执行 10 次	重复运行置于其内部的程序并指定次数
3	重复执行	一直重复运行置于其内部的程序

序　号	积　木　块	说　　明
4	如果 那么	如果满足相应条件，就运行置于其内部的程序
5	如果 那么 否则	如果满足相应条件，则运行置于上方槽内的程序；如果不满足条件，则运行置于下方槽内的程序
6	等待	等待满足条件，再运行置于其下方的程序积木块
7	重复执行直到	不满足条件时，重复运行置于其内部的程序。满足相应条件后，跳出该循环
8	停止 全部脚本 ▼	下拉列表中可选择停止的是全部脚本还是这个脚本，或是该角色的其他脚本。其中停止全部脚本就是终止所有程序，效果等同于绿旗子旁的红色终止按钮；停止该角色脚本就是停止该积木块连接的一串程序；停止该角色的其他脚本就是除了该积木块连接的一串程序之外，该角色的其他程序全部停止
9	当作为克隆体启动时	当克隆体被创建后，运行置于其下方的程序
10	克隆 自己 ▼	创建一个与角色一模一样的克隆体，下拉列表可以选择是自己还是其他角色。所有的克隆体仅在项目运行期间存在，当单击绿旗子旁的红色终止按钮时，所有克隆体都会消失
11	删除此克隆体	删除当前克隆体

6. 侦测类积木块

侦测类积木块能侦测该角色是否接触到其他角色或鼠标，主要用于角色与角色间的互动，或是角色与使用者之间的互动，如附表 6 所示。

附表 6　侦测类积木块

序　号	积　木　块	说　明
1	碰到 鼠标指针 ?	检测角色是否碰到鼠标指针、舞台边缘或其他角色，如果碰到会返回布尔值 true，如果没碰到会返回布尔值 false
2	碰到颜色 ( ) ?	检测角色是否碰到指定颜色，如果碰到会返回布尔值 true，如果没碰到会返回布尔值 false
3	颜色 ( ) 碰到 ( ) ?	检测角色上的指定颜色是否碰到其他角色或背景上的指定颜色，如果碰到会返回布尔值 true，如果没碰到会返回布尔值 false
4	到 鼠标指针 的距离	获取角色到鼠标指针或者其他角色的距离
5	询问 What's your name? 并等待	在屏幕上显示询问的指定问题，并等待使用者输入答案，直到使用者按回车键
6	□ 回答	询问后，使用者的回答会储存在回答中，可将其拖动到其他积木块的椭圆形槽内使用。若勾选前方的复选框，则在舞台上显示回答的具体内容
7	按下 空格 键?	检测使用者是否按空格键或其他按键，下拉列表可以选择。如果按相应的按键会返回布尔值 true，如果没按键会返回布尔值 false

续表

序　号	积　木　块	说　明
8	按下鼠标?	检测使用者是否按下鼠标。如果按了鼠标会返回布尔值 true，如果没按会返回布尔值 false
9	鼠标的x坐标	获取鼠标停留处的 x 坐标，可将其拖动到其他积木块的椭圆形槽内使用
10	鼠标的y坐标	获取鼠标停留处的 y 坐标，可将其拖动到其他积木块的椭圆形槽内使用
11	将拖动模式设为 可拖动 ▼	设置角色的拖动模式
12	响度	获取当前的响度，可将其拖动到其他积木块的椭圆形槽内使用。若勾选前方的复选框，则在舞台上显示当前响度值
13	计时器	获取当前的计时器的计数，可将其拖动到其他积木块的椭圆形槽内使用。若勾选前方的复选框，则在舞台上显示当前计时
14	计时器归零	将计时器归零，重新从 0 开始计时
15	舞台 ▼ 的 背景编号 ▼	获取舞台或角色的属性信息，通过第一个下拉列表选择是舞台还是角色，通过第二个下拉列表选择要获取的属性
16	当前时间的 年 ▼	获取当前时间的年份、月份、日期、星期、小时数、分钟数和秒数。在下拉列表中可以选择要获取的时间信息。若勾选前方的复选框，则在舞台上显示当前相应信息
17	2000年至今的天数	获取从 2000 年以来的天数
18	用户名	获取使用者的用户名

7. 运算类积木块

运算类积木块可以执行数学计算、逻辑比较等操作,如附表7所示。

附表7　运算类积木块

序　号	积　木　块	说　明
1		将两个输入的数字相加
2		将两个输入的数字相减
3		将两个输入的数字相乘
4		用第一个输入的数字除以第二个输入的数字
5	在 1 和 10 之间取随机数	从指定范围的数字中随机选取一个数
6	> 50	判断一个数字是否大于另一个数字,如果大于则返回布尔值 true,否则返回布尔值 false
7	< 50	判断一个数字是否小于另一个数字,如果小于则返回布尔值 true,否则返回布尔值 false
8	= 50	判断一个数字是否等于另一个数字,如果等于则返回布尔值 true,否则返回布尔值 false
9	与	判断两个条件是否都成立,如果都成立则返回布尔值 true,如果其中有一个条件不成立则返回布尔值 false
10	或	判断两个条件是否有一个成立,如果其中有一个成立则返回布尔值 true,如果两个条件都不成立则返回布尔值 false

续表

序　号	积　木　块	说　明
11	不成立	判断该条件是否成立，如果成立则返回布尔值 false，如果不成立则返回布尔值 true
12	连接 apple 和 banana	将两个字符串拼接起来
13	apple 的第 1 个字符	获取指定字符串的指定位置的字符
14	apple 的字符数	获取指定字符串的字符数
15	apple 包含 a ?	判断指定字符串是否包含指定字符，如果包含则返回布尔值 true，如果不包含则返回布尔值 false
16	除以 的余数	获取第一个数除以第二个数的余数部分
17	四舍五入	将数字四舍五入成整数
18	绝对值 ▼	通过下拉列表选择多种函数，如 log、sin 等

8. 变量类积木块

变量类积木块包含变量和列表，用于储存并使用数据，如附表 8 所示。

附表 8　变量类积木块

序　号	积　木　块	说　明
1	建立一个变量	建立一个变量，用来储存数据

续表

序　号	积　木　块	说　　明
2	□ 我的变量	储存着相应的变量值，可将其拖动到其他积木块的椭圆形槽内使用。若勾选前方的复选框，则在舞台上显示当前该变量的数值
3	将 我的变量 ▼ 设为 0	将变量设为指定的数值
4	将 我的变量 ▼ 增加 1	改变变量的数值
5	显示变量 我的变量 ▼	在舞台上显示该变量的数值
6	隐藏变量 我的变量 ▼	在舞台上隐藏该变量的数值
7	建立一个列表	建立一个列表，用来储存数据
8	将 东西 加入 姓名 ▼	将指定的内容添加到列表中，并位于列表的最后一项
9	删除 姓名 ▼ 的第 1 项	删除指定列表的指定项
10	删除 姓名 ▼ 的全部项目	删除指定列表的所有项目，相当于清空列表
11	在 姓名 ▼ 的第 1 项前插入 东西	在指定列表的指定位置插入新的一项
12	将 姓名 ▼ 的第 1 项替换为 东西	将指定列表的指定位置处的内容替换成新的内容

续表

序 号	积 木 块	说 明
13	姓名 ▼ 的第 1 项	储存指定列表的指定项的内容，可将其拖动到其他积木块的椭圆形槽内使用
14	姓名 ▼ 中第一个 东西 的编号	获取指定列表中第一个包含指定内容的项目的编号
15	姓名 ▼ 的项目数	获取指定列表的项目数
16	姓名 ▼ 包含 东西 ？	判断指定列表中是否有项目包含指定内容。如果包含，则返回布尔值 true；如果不包含，则返回布尔值 false
17	显示列表 姓名 ▼	在舞台上显示指定列表
18	隐藏列表 姓名 ▼	在舞台上隐藏指定列表

9. 自制积木类积木块

自制积木类积木块（见附表 9）用来构造自制积木，相当于自建函数，可以在自制积木中自由组合其他积木块，从而赋予自制积木相应的功能。

附表 9　自制积木类积木块

序 号	积 木 块	说 明
1	制作新的积木	制作一个自制积木